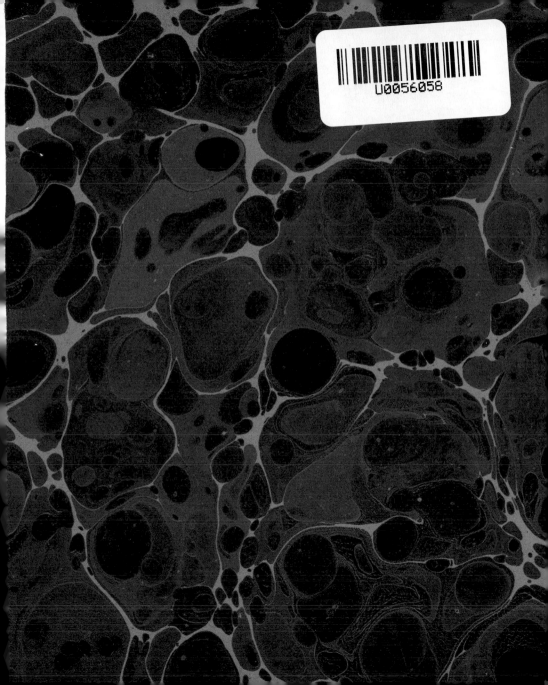

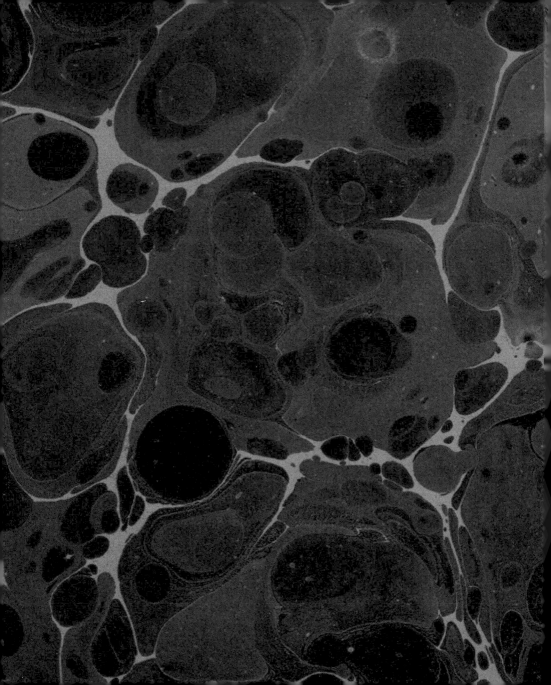

滅絕生物圖鑑

著…趙燁 Cho Hikaru
文…森乃おと
譯…黃品玫

序 *Prologue*

全天下大概只有人類，看到滅絕生物會覺得心靈被淨化了吧。我從以前開始，就被滅絕生物美麗及妙不可言的地方深深吸引。

我曾在博物館購買化石複製品，用指尖觸摸，感受從體節及牙齒傳來的每一道哀愁。這些化石，有時具有讓人會心一笑的特徵、或像寓言角色般充滿幻想，各個都讓人愈看愈著迷。我們不可能親眼見到這些生物，但是牠們確實存在過。這些生物明明曾經在某個時代特別強大、聰慧、美麗，卻因故絕種。

一開始，我只是想畫出那些美麗的身影，讓牠們在畫裡死而復生才動筆描繪。不過當我知道，生物的絕種和人類有很大的關聯、近代並沒有新的物種誕生，以及眾多絕種的理由之後，就愈來愈想告訴大家。我想告訴大家那些生物的姿態、美麗以及故事。

市面上已經有許多關於滅絕生物的書籍。但是我想製作的，是讓人視若瑰寶、想要一讀再讀的書，希望能讓看了這本書的人產生「啊，我好想親眼看看牠們」的想法，並湧現想和滅絕生物相見的心情。我懷著這種心情，日以繼夜地閱讀、調查資料，用自己的方式貼近每一隻生物，持續描繪著。同時我也獲得許多人的幫助，從開始動筆歷經了2年，終於完成了此書。

我們所生活的世界，現在也還有許多特別的生物，牠們擁有不輸給滅絕生物的美妙。若是讀者能穿梭在本書所介紹的滅絕生物之間，同時更加重視現存的物種，那就太好了。那麼，請各位坐在能夠放鬆的地方，準備一杯熱飲，去見各種滅絕生物吧。

趙燁（Cho Hikaru）

CONTENTS

II 有翅膀的生物 *WINGED ANIMALS*

III 陸地的生物 *LAND ANIMALS*

IV 專欄　*COLUMNS*

滅絕和進化的歷史

<table>
<tr><td colspan="6" align="center">古 生 代</td></tr>
<tr><td>寒武紀</td><td>奧陶紀</td><td>志留紀</td><td>泥盆紀</td><td>石炭紀</td><td>二疊紀</td></tr>
<tr><td>5億4200萬年前</td><td>4億8830萬年前</td><td>4億4370萬年前</td><td>4億1600萬年前</td><td>3億5920萬年前</td><td>2億9900萬年前</td></tr>
<tr><td colspan="2" align="center">無脊椎動物的時代</td><td colspan="2" align="center">魚類的時代</td><td colspan="2" align="center">兩棲類的時代</td></tr>
</table>

· 寒武紀大爆發

· 海洋生物多樣化

· 出現最古老的陸地植物

· 魚類繁盛

· 兩棲類出現

· 爬蟲類、合弓類出現

· 昆蟲繁盛

· 盤古大陸形成

· 哺乳類出現

· 三葉蟲滅絕

奧陶紀末大滅絕

泥盆紀晚期大滅絕

二疊紀末大滅絕

地球約在46億年前誕生。生命的誕生則是40億年前。

而在5億年前的古生代寒武紀，生物開始爆發性地進化。

經過五次生物大滅絕，許多生物誕生後又消失，活下來的生物則不斷進化。

中生代			新生代						
三疊紀	侏儸紀	白堊紀	古近紀			新近紀		第四紀	
			古新世	始新世	漸新世	中新世	上新世	更新世	全新世
5100萬年前	1億9960萬年前	1億4500萬年前	6550萬年前	5500萬年前	3400萬年前	2300萬年前	500萬年前	258萬年前	1萬年前
爬蟲類的時代			哺乳類的時代						

· 爬蟲類繁盛

· 始祖鳥出現

· 恐龍、菊石繁盛

· 盤古大陸分裂

· 恐龍、菊石滅絕

· 鳥類、大型哺乳類繁盛

· 南方古猿出現

· 最終冰河期的結束

· 人類的時代來臨

三疊紀末大滅絕　　白堊紀末大滅絕

※「分布」指化石的發現地

Chapter

I

AQUATIC ANIMALS

水中的生物

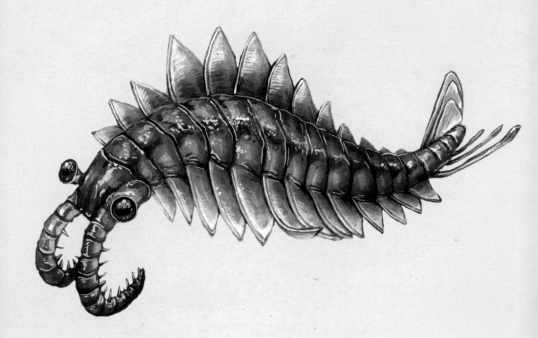

奇蝦

英文名稱：Anomalocaris　學名：*Anomalocaris canadensis*

分類：不明　生存年代：寒武紀（5億2500萬年～5億500萬年前）

分布：加拿大、中國　全長：60～100cm

MAP

寒武紀的唯一王者

距今約5億4200萬年前，是古生代寒武紀。在當時的大海中，生物種類突然爆發性地增加，快速地進化。「節肢動物」、「軟體動物」及「脊椎動物」，這些和現代生物有所關連的龐大族群紛紛到齊。這股現象稱作「寒武紀大爆發」，是生物史上最大型的活動。當時在大海中充滿許多外型奇異的生物──也就是寒武紀怪物，牠們揭開了弱肉強食的時代。

其中立於生態系頂端的生物就是奇蝦。牠們是伯吉斯動物群※的代表動物，體長超過1m。在大多是小型動物的時代，是擁有壓倒性力量的掠食者。牠們用巨大的眼睛尋找獵物，拍打宛如船槳一般的鰭，游泳的速度相當快。名字的意思就是「奇妙的蝦子」。

現在關於奇蝦的分類仍然眾說紛紜，是一種「門類不明動物化石（Problematica）」。

※伯吉斯動物群：指在加拿大落磯山脈被稱為「伯吉斯頁岩」的岩石中所發現的動物化石群。是約5億2500萬年前的化石。

MORE DETAILS ···

奇蝦的特徵之一，就是布滿刺的2根觸手。在觸手的根部，有個布滿牙齒的圓形口腔。口腔是雙重構造，會交互開合。牠會用觸手緊緊地抓住獵物，扎實地咬過兩次，讓獵物無法逃離，可說是最令人懼怕的獵食方式。

Check

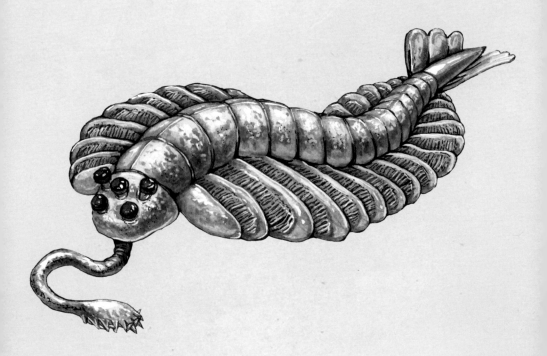

歐巴賓海蠍

英文名稱：Opabinia　學名：*Opabinia*

分類：不明　生存年代：寒武紀（5億2500萬年～5億500萬年前）

分布：加拿大、中國　全長：4～7㎝

MAP

5隻眼睛和大象般的鼻子

歐巴賓海蠍是生存於寒武紀大海的伯吉斯動物群之一。如果說同時代的奇蝦是王者，那麼歐巴賓海蠍就是女王了。

歐巴賓海蠍的體長遠遠不及奇蝦，最長只有7㎝。即使在奇妙的寒武紀怪物當中，女王的外貌也特別奇怪。據說在1972年學會發表最早的復原圖時，還由於會場傳出爆笑聲，使得發表暫時停止。

牠的外型最奇異的部位，就是從頭部延伸而出的一根柔軟的觸手。觸手前端有著鉗子般尖銳的牙齒。牠似乎就是用這個部位捕捉獵物後，送往頭部下方的口中，就好像大象鼻子的功能呢。細長的身體體節分明，兩側長有鰭。據說牠會用鰭像是拍水一般移動、游泳。

牠是一種「門類不明動物化石（Problematica）」，不過也有人主張，牠捕捉獵物的觸手及鰭的外貌等，都和奇蝦類似。

MORE DETAILS ·······························

在寒武紀，突然出現擁有眼睛的生物。為了獵食，也為了逃離像是奇蝦這樣的天敵，有眼睛就占有優勢。歐巴賓海蠍在生存競爭之中發展出5隻眼睛，以確保360度的視野。

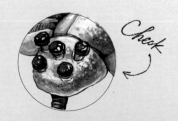

Check

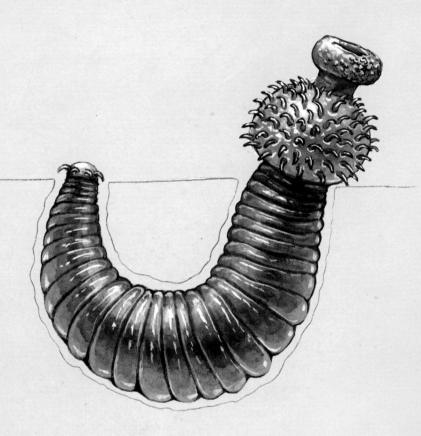

奧托蟲

英文名稱：Ottoia　學名：*Ottoia*

分類：鰓曳動物門　Ottoiidae科

生存年代：寒武紀（5億500萬年前）

分布：加拿大　全長：2～16cm

明明都亂吃卻愛乾淨？

奧托蟲也是寒武紀大爆發所誕生的伯吉斯動物群之一。奇蝦和歐巴賓海蠍沒有留下子孫就絕種了。但是奧托蟲的子孫鰓曳蟲，現在也還棲息在大海當中。

牠的體長為2～16㎝，外觀就像「有點胖的蚯蚓」，本性是凶猛的肉食動物。牠會在海底挖掘U字型的洞穴，將身體潛入其中埋伏，等待獵物上門。牠的身體後方有鑰匙狀的8個突起，能夠將自己的身體卡在洞穴內壁上不動。主食是軟舌螺動物，這種軟體動物擁有類似螺貝類的外殼。總之，牠會襲擊任何移動的東西，似乎也會和其他生物共食。

奧托蟲呈U字型彎曲的身體後端長有肛門，牠會將肛門伸出巢穴外排出糞便。明明總是亂吃，卻意外地愛乾淨。或許牠對上廁所有自己的一套堅持呢。

MORE DETAILS ···

牠的頭部前端長有噴嘴，上頭長有數十根刺，能夠伸縮自如。全身躲藏在砂子內，只有噴嘴會露出砂面，會在獵物通過時快速伸長，一瞬間將對方吃下肚。

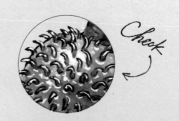

Check

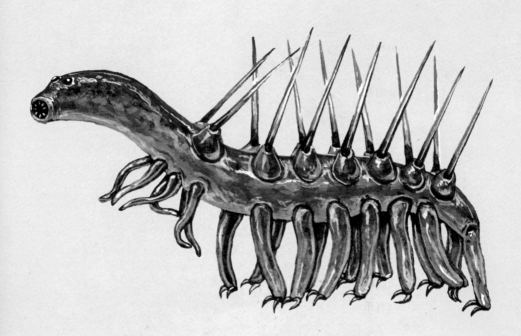

怪誕蟲

英文名稱：Hallucigenia　學名：*Hallucigenia*

分類：不明　生存年代：寒武紀（5億2500萬年～5億500萬年前）

分布：加拿大、中國　全長：0.5～3㎝

MAP

寒武紀海洋中的夢幻

怪誕蟲在神奇奧妙的寒武紀怪物當中，也格外大放異彩。身為伯吉斯動物群的代表生物，擁有相當高的人氣。

牠的體長約0.5～3㎝，體型嬌小。背部有刺狀的突起，軟趴趴的腳前端長有小小的爪子。發現當時，由於牠的樣貌和現今地球上的生物落差極大，科學家不知道該將牠列入現存的哪一種族群。復原圖甚至將牠的身體上下左右全都畫顛倒了。到了1997年，才終於修正復原圖，現在較為有力的說法是牠屬於有爪動物門。而在2015年，也從化石中發現1對眼睛以及小型的牙齒。

怪誕蟲的學名「*Hallucigenia*」，是源自於拉丁語hallucinatio「作夢、夢想」的新詞。意思是「幻覺所誕生出的產物」。確實，怪誕蟲是上古時代的地球所孕育出的短暫夢境。

現存的有爪動物中只剩下陸棲動物，已經沒有棲息在海底的有爪動物了。

MORE DETAILS ··

從怪誕蟲細長的身體，朝下方長出倒V字型的長腳。在前端的爪子上，重疊著2到3層的角質。因此，牠在脫皮後不需要等爪子重新長出來。在有爪動物的爪子和下顎都能看到同樣的特徵。

Check

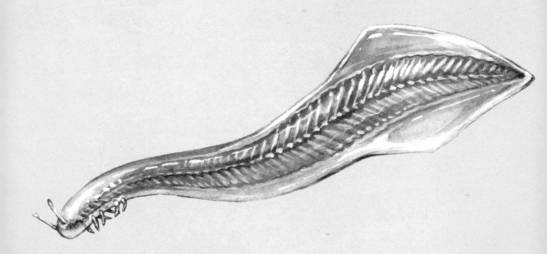

皮卡蟲

英文名稱：Pikaia　學名：*Pikaia*

分類：脊索動物門　皮卡蟲科　生存年代：寒武紀（5億500萬年前）

分布：加拿大　全長：4～5cm

MAP

挺直背脊生存下去

皮卡蟲和現今的文昌魚類似，是體長5㎝左右的生物。牠會左右扭動身體，在寒武紀的海洋中輕盈地游泳。

在同樣是伯吉斯動物群的同類當中，存在著奇蝦及歐巴賓海蠍這類凶猛的掠食者。為了保護自己不被牠們傷害，也誕生出了擁有堅硬外骨骼的動物。在這些動物之中，皮卡蟲的樣子顯得毫無防備、太過脆弱。實際上，牠根本就是恰到好處的獵物吧。不過，皮卡蟲有個明顯的特徵，那就是身體之中長有一根叫做「脊索」的柔軟肌肉條。脊索是脊椎＝背骨的前一個階段，在進化的歷史當中是相當重要的器官。

皮卡蟲並非脊椎動物的直系祖先。但是牠的近親生物變成了魚，之後爬上陸地變成兩棲類、爬蟲類、鳥類、哺乳類，最後變成我們人類，總共花費5億年的時間進化。

MORE DETAILS

皮卡蟲雖然沒有眼睛，但有1對觸覺器官。或許牠可以憑知覺判斷環境是明是暗。其下方有9對突起的部位，有可能就是這裡進化成了魚的鰓。

Check

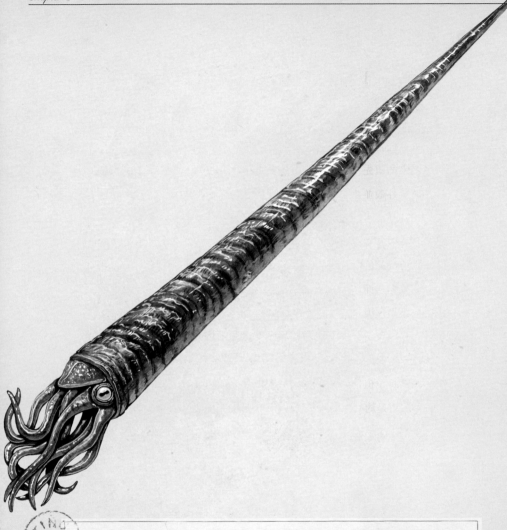

房角石

英文名稱：Cameroceras　學名：*Cameroceras*

分類：頭足綱　內角石目　內角石科

生存年代：奧陶紀（4億8830萬年～4億4370萬年前）

分布：北美　全長：10～11m

MAP

頭戴尖角帽的肉食獵人

奧陶紀和之前的寒武紀一樣，都是生物多樣性大幅進展的時代。而在大海中特別繁盛的，就是直角石的同類了。牠們是鸚鵡螺的祖先，和烏賊、章魚同樣是頭足類。只不過和鸚鵡螺不同，外殼並沒有捲成螺旋形。身體呈現細長的圓錐狀，正如其名會直直地成長。

現在的鸚鵡螺是以蝦類或魚類的屍體維生，隱密地過活。不過在奧陶紀的時代，牠們可是以凶暴肉食獵人的身分站在生態系的頂點。而其中最巨大的房角石，體長甚至長達11m。獵物是三葉蟲、廣翅鱟，以及最原始的魚亞蘭達甲魚（P28）等。章魚和烏賊在現代也是聰明又兇猛的掠食者，如果牠們像房角石如此巨大的話，那會是多麼讓人畏懼的掠食者啊！房角石雖然稱霸一時，但是在奧陶紀的末期，因第一次的生物大滅絕※而絕種，這是約4億4370萬年前的事。

※生物大滅絕：指在某個時期有多種生物同時絕種。在生命史上，有五次規模特別大的大量滅絕，稱為「五次生物大滅絕（Big Five）」。

MORE DETAILS ···
雖然不曉得房角石觸鬚和頭部的軟體部位長得怎麼樣，但一般認為和子孫的鸚鵡螺類似。不過，鸚鵡螺擁有90隻腳，而房角石和烏賊一樣只有10隻腳。

Check

亞蘭達甲魚

英文名稱：Arandaspis　學名：*Arandaspis*

分類：無頜總綱　鰭甲魚目　亞蘭達甲魚科

生存年代：奧陶紀（4億8830萬年～4億4370萬年前）

分布：澳洲　全長：15～20cm

MAP

戴頭盔的原始魚

亞蘭達甲魚是原始魚類之一，出現在約4億8000萬年前的奧陶紀。牠沒有下顎，是原始「無頜類」的同類。

牠的體長最長約20㎝左右，身體的表面骨骼化，從頭部到身體的一半，都以宛如頭盔的堅硬骨頭覆蓋著。這種魚稱作「甲冑魚」。牠的身體後半部則被鱗片覆蓋，沒有胸鰭，只有像是尾鰭的部位。這樣一來就沒辦法好好游泳。一般認為，亞蘭達甲魚會隨著水流在海底緩慢地移動。

當時海底的王者是巨大的鸚鵡螺同類。而亞蘭達甲魚是理想的食物，鸚鵡螺同類強而有力的下顎，能夠輕易咬碎亞蘭達甲魚身上的鎧甲吧。因此，亞蘭達甲魚幾乎都藏在泥土之中過活。最後亞蘭達甲魚的子孫們為了逃離掠食者，從海水移動到淡水域。此時，魚類就開始快速進化。

MORE DETAILS ···

下顎的發達，是脊椎動物進化時的重要里程碑。由於亞蘭達甲魚沒有下顎，因此缺乏咬合的力量，牠會用朝下的口腔整個吸起海底泥土，吃下微生物。在現代生物中，八目鰻就是無頜類的一種。

Check

鄧氏魚

英文名稱：Dunkleosteus　學名：*Dunkleosteus*

分類：盾皮魚綱　節甲魚目　恐魚科

生存年代：泥盆紀（4億1600萬年～3億5920萬年前）

分布：北美、北非　全長：5～10m

MAP

支配大海的鐵面具

約4億1600萬年前至3億5000萬年前，泥盆紀的大海中魚類相當繁盛，因此也稱作「海洋時代」。而其中最強壯、最巨大的生物，就是鄧氏魚。

鄧氏魚為甲冑魚的同類，宛如鐵面具的堅硬板狀骨覆蓋著頭部。牠擁有能張大口的強韌下顎，咬力高達5噸以上。牠將下顎當作武器，襲擊、獵捕有堅硬外殼的鸚鵡螺或廣翅鱟。魚類終於從過往的天敵手中，奪下王者的寶座。

鄧氏魚雖然稱霸一方，卻沒有優異的游泳能力。由於沒有鰾，身體又覆蓋著厚重的裝甲板，想必是在海底緩慢地移動吧。屬於牠的光輝時代並不長，最後也因泥盆紀末期的大滅絕而絕種了。也有人主張，是因為以高游泳能力追捕獵物的鯊魚出現，使得鄧氏魚在生存競爭中落敗。目前只有發現鄧氏魚頭部的化石，仍不曉得牠身體的後半部長什麼樣子。

MORE DETAILS ···

鄧氏魚乍看之下似乎擁有尖銳的牙齒，實際上這是凸出的板狀下顎骨。因此，牠無法細細地咬碎獵物。牠會將食物整個吞下肚，再把無法消化的皮或骨頭吐出來。現已發現擁有這種跡象的化石。

Check

旋齒鯊

英文名稱：Helicoprion　學名：*Helicoprion*
分類：軟骨魚綱　尤金齒目　旋齒鯊科
生存年代：石炭紀後期至三疊紀前期（3億～2億5000萬年前）
分布：日本、俄羅斯、北美　全長：3～4m

MAP

神祕的螺旋齒

旋齒鯊是一種充滿謎團的鯊魚，牠在距今3億至2億5000萬年前，從石炭紀末期至三疊紀，確實生活在大海裡。不過現在沒有人知道牠的長相，因為除了像是披薩刀般奇妙的牙齒化石，沒有其他遺留下來的線索。鯊魚的牙齒通常2到3天就會交換一次，舊的牙齒會脫落下來，因此經常挖掘到鯊魚牙齒的化石。不過旋齒鯊的牙齒排列相當不可思議，就像菊石的外殼一樣呈現漩渦狀。

說起來這個牙齒到底位於牠身體的哪一個部位呢？鼻子前端？背鰭上？還是說尾鰭上？……人們長期為了這件事煩惱不已。發現旋齒鯊後經過了100年以上，終於確認牙齒位於下顎的底部。不過，牙齒到底是從下顎朝外旋轉，還是朝內旋轉，現在仍舊沒有定論。

無論如何，一般認為這個牙齒是用來截斷擁有堅硬外殼的菊石或三葉蟲。

MORE DETAILS ·······························

旋齒鯊的牙齒不會脫落。從內部長出的新牙齒會增加到螺旋前端，而舊又小顆的牙齒會逐漸被捲入螺旋的內側。這塊螺旋之中，收納了牠們從誕生到死亡之間的所有牙齒。

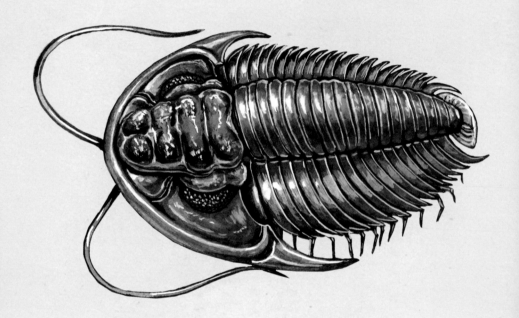

三葉蟲

英文名稱：Trilobite　學名：*Trilobita*

分類：節肢動物門　三葉蟲綱

生存年代：寒武紀至二疊紀（5億4200萬年～2億5100萬年前）

分布：世界各地　全長：3～60㎝

MAP

活過3億年，處事圓滑的高手

三葉蟲是在至今約5億4200萬年前古生代寒武紀初期出現的節肢動物。接著從奧陶紀、志留紀、泥盆紀、石炭紀到二疊紀，共經歷古生代6個時代，住在大海裡約3億年。這樣的牠，已經是生物史上最成功繁盛的物種之一了吧。

現已發現的三葉蟲化石超過1萬種以上，和菊石同樣都被視為「指準化石」※。畢竟牠在大海中活過3億年呢。牠隨著時代出現各種進化，像是擅長游泳、擁有像蝸牛一樣的眼睛，或者全身長滿刺，因種類繁多而廣為人知。

曾經繁盛一時的三葉蟲，在約2億5000萬年前發生的二疊紀末大滅絕時絕種，隨著古生代的終結，就這樣消失在大海當中。

※ 指準化石：指能了解地層時代的化石。

MORE DETAILS ···

三葉蟲的身體由2條溝線縱向分成3個部位，分別是左右葉和中間部。同時，整體分成頭部、胸部、尾部3個部位，胸部擁有幾十個體節，每個體節都長出1對腳。

Check

笠頭螈

英文名稱：Diplocaulus　學名：*Diplocaulus*

分類：兩棲綱　奈克螈目　笠頭螈科

生存年代：二疊紀（2億9900萬年～2億5100萬年前）

分布：北美　全長：60～90㎝

MAP

河底的迴力鏢頭

「從來沒看過這麼奇怪的生物！」會讓人這麼想的古代生物當中，格外有趣的就是笠頭螈。牠是活在二疊紀（2億9900萬年～2億5100萬年前）的兩棲類動物。

笠頭螈的全長約1m，特徵是臉頰部位平坦地向外大幅延伸。為什麼牠的頭會這麼像迴力鏢呢？有一說是為了不受到天敵掠食，才使得頭部特別發達。也有其他說法指出，這樣就能夠在水中游泳時像翅膀般張開。笠頭螈的頭形在幼兒時期相當普通。原本2塊小型的骨頭，隨著成長逐漸伸長，最長甚至長到30cm左右。說不定這是為了對異性求偶用的呢。

據說笠頭螈是山椒魚或青蛙的同類，或是祖先。牠扁平的身體、細長的尾巴，以及細小的手腳，都相當適合水中生活。

MORE DETAILS

笠頭螈的手腳都很瘦弱，不適合陸地生活。由於牠的2個眼球在頭部上方並排，可推測應該是在河底爬行生活的。或許牠會潛入泥土中，等待獵物上門。

Check

無齒龍

MAP

英文名稱：Henodus　學名：*Henodus*

分類：爬行綱　楯齒龍目　無齒龍科

生存年代：三疊紀後期（2億2800萬年～1億9960萬年前）

分布：德國　全長：約1m

我不是烏龜喔

無齒龍乍看之下像極了烏龜，但並不是烏龜。在生物系統上，比起烏龜更接近蛇頸龍屬※的蛇頸龍，是水生的爬蟲類。

無齒龍活在約2億年前的三疊紀後期。牠並非住在大海內，而是生活在半海水或淡水湖中的稀有楯齒龍目。牠雖然會為了呼吸空氣而來到陸地上，但牠應該很難靠那瘦弱的手腳行走。

無齒龍的背部和腹部完全被甲殼覆蓋，面對天敵時能夠保護自己。牠全身扁平，四方形的甲殼比手腳還要寬，其寬度甚至是一般烏龜的2倍。牠構成甲殼的骨頭比起一般的烏龜更多，呈現馬賽克的形狀。口腔兩側長有2根尖牙，據說牠會用這對尖牙咬碎貝類進食。上下顎的左右各長著1顆牙齒，或許牠會將食物過濾之後再攝取也說不定。

※ 蛇頸龍屬（Plesiosaurus）：最具代表的蛇頸龍，是未知生物尼斯湖水怪的原型。

MORE DETAILS ⋯⋯⋯⋯⋯⋯⋯⋯⋯⋯⋯⋯⋯⋯⋯⋯⋯⋯⋯⋯⋯⋯⋯⋯

無齒龍的嘴喙位於眼睛前方，前端方方正正。頭部整體看起來像四方形。最近的研究顯示，無齒龍也會吃植物，也有人指出牠會用寬大的下顎切割水底植物。

Check

克柔龍

英文名稱：Kronosaurus　學名：*Kronosaurus*

分類：爬行綱　蛇頸龍目　上龍科

生存年代：白堊紀前期（1億4500萬年～9900萬年前）

分布：澳洲、南美　全長：約9m

MAP

擁有巨大下顎的海中暴龍

約1億4400萬年前至6500萬年前，正值白堊紀。克柔龍是統治大海的大型蛇頸龍。雖然時常被誤解，但蛇頸龍並不是恐龍。正如其名，此物種大多「脖子長，頭很小」，不過克柔龍是屬於「脖子短，頭很大」的族群。牠的體長9m，頭骨卻長達3m。真是欠缺平衡的外表啊。

克柔龍的名字，來自希臘神話的泰坦族之王克羅諾斯。克羅諾斯是至高神宙斯的父親，他逐一把自己的孩子們由頭部啃食得一乾二淨。而克柔龍也有長著尖銳牙齒的強力下顎，能夠用這裡咬碎獵物吞下肚吧。由胃部內容物的殘留痕跡顯示，牠也會獵食其他的蛇頸龍或海龜。

牠的身體接近1m，長有4隻像是船槳的鰭腳。一般認為，牠就是用這些鰭腳在水中快速且自由自在地游泳。

即使身為海中的王者，也因知名的白堊紀末大滅絕而絕種。

MORE DETAILS

如果說當時陸地的王者是暴龍，那君臨大海的就是克柔龍了。牠擁有巨大的下顎，口中甚至長滿最長有25㎝的銳利牙齒。一般認為，牠咬合的力量是暴龍的好幾倍。

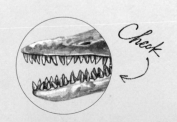

菊石

英文名稱：Ammonite　學名：*Ammonoidea*
分類：頭足綱　菊石亞綱
生存年代：志留紀末期至白堊紀末期（4億2000萬年～6550萬年前）
分布：世界各地　全長：1～200cm

MAP

神祕又美麗的螺旋體

菊石棲息在世界各地的大海中，在每個年代都有不同種類繁盛一時，因此有許多化石遺留，是當作指準化石用來區分時代的重要生物。

古老時代的菊石外殼呈現直線狀，基本上就像貝類一樣，擁有漂亮的螺旋圖案。「Ammonite」的名稱源於埃及的太陽神阿蒙所擁有的山羊角。菊石的種類超過1萬種，最大的菊石是「*Parapuzosia seppenradensis*」，外殼的直徑超過2m。

菊石跨越了7個時代，從古生代的志留紀到中生代的白堊紀，存活時間長達約3億5000萬年。因白堊紀末期的大滅絕，所有的菊石都和恐龍在同一時期絕種。現在所發現的化石只有外殼，實際上菊石到底長什麼樣子，現在仍被神祕的面紗所覆蓋。

MORE DETAILS ⋯⋯⋯⋯⋯⋯⋯⋯⋯⋯⋯⋯⋯⋯⋯⋯⋯⋯⋯⋯⋯⋯⋯⋯⋯

菊石外殼的內部分為好幾個房間，且軟體部位並不會塞滿整個外殼，只會待在最前面的房間。這點和貝殼類不一樣。

Check

巴基鯨

英文名稱：Pakicetus　學名：*Pakicetus*

分類：哺乳綱　鯨偶蹄目　巴基鯨科

生存年代：始新世初期（5200萬年前）

分布：巴基斯坦　全長：約1.8m

MAP

長有蹄的鯨魚祖先

鯨魚的同類是哺乳類，其祖先原本是陸棲動物。現在所知的範圍內，鯨魚最古老的祖先就是巴基鯨。其化石發現於約5200萬年前的地層中。

巴基鯨的體長約1.8m，特徵是長長的尾巴。全身被毛覆蓋，有著長長的口鼻部，外表像是「耳朵有點小的野狼」。然而和犬科關係疏遠，強壯的四肢長有蹄，是肉食的有蹄類。順道一提，河馬是現存和鯨魚最接近的陸棲動物。

一般認為，巴基鯨在水邊或陸地上度過大半輩子，為了捕魚也會潛入河川內。牠的生活和現在的海獅或海豹相當接近對吧？由於巴基鯨的眼睛位置較高，似乎可以邊游泳邊觀察水面上方的樣子。腳趾的骨頭細長，趾縫間很有可能長有蹼。

MORE DETAILS ⋯⋯⋯⋯⋯⋯⋯⋯⋯⋯⋯⋯⋯⋯⋯⋯⋯⋯⋯⋯⋯⋯⋯⋯⋯⋯⋯

鯨魚的同類最大的特徵，就是厚實的耳骨。耳骨和頭骨分離，呈現懸空的狀態。因此在水中時，能捕捉傳達到頭蓋骨的震動，聽取聲音。巴基鯨的耳骨雖然不完整，但也有類似的特徵。

Check

史特拉海牛

英文名稱：Steller's Sea Cow　學名：*Hydrodamalis gigas*

分類：哺乳綱　海牛目　儒艮科　絕種：1768年

分布：北太平洋、白令海峽　全長：7～8m

MAP

溫馴的野獸通常都很短命

史特拉海牛過去曾棲息在北太平洋的白令海峽。牠們不擅長潛水，會將背浮出海面，以昆布之類的海藻類為食，悠哉地過日子。牠的數量原本就不多，有報告指出，1741年發現當時約有2000頭左右。

史特拉海牛的肉質和小牛肉類似，脂肪可當作油燈的燃料，厚實的外皮可做成高品質的鞋子或皮帶——聽聞此事的獵人，陸續朝著白令海峽出發。

動作遲緩、毫無防備的史特拉海牛，即使遇到襲擊也只會躲入海底。而且牠們相當溫柔，為了幫助受傷的同伴會聚集在一起。對獵人而言，這種習性真是再好不過了。

而在1768年，留下「海牛還剩2、3隻所以通通殺了」的紀錄後，史特拉海牛就此絕種。現在只有在大英博物館還保有史特拉海牛全身的骨骼標本。

MORE DETAILS

成年海牛的牙齒由於退化幾乎都掉光了。上顎和下顎前端的長板，宛如堅硬角質的嘴啄一般，牠可以透過嘴唇和嘴啄，啃咬附著於岩壁上的昆布等。

Check

居氏山鱂

英文名稱：Titicaca Orestias　學名：*Orestias cuvieri*

分類：輻鰭魚綱　鯉齒目　鯉齒鱂科　絕種：1960年

分布：玻利維亞／祕魯・的的喀喀湖　全長：22～27㎝

MAP

神聖湖泊裡的黃金魚

遍及祕魯及玻利維亞的「的的喀喀湖」，是被白人毀滅的印加帝國神聖的場所。傳說中印加帝國的財寶就沉睡在湖底。居氏山鱂是只生存於這座湖的特有種。鯉齒目的同類當中，許多魚類身上都有華麗的顏色，像是孔雀魚。而居氏山鱂也同樣有著美麗的金黃色。

居氏山鱂絕種的原因是在1937年，美國政府將突吻紅點鮭（淡水鱒）流放到的的喀喀湖中。或許他們是心懷善意，想讓當地人吃到好吃的魚吧。結果，居氏山鱂的食物被奪走，又或者牠本身成為了食物，因此逐漸絕種。牠的絕種距離流放突吻紅點鮭後僅僅過了10年。傳說中的的喀喀湖是能夠讓死者復活的神聖湖泊，但是在這片水域悠游過的居氏山鱂，現在仍沒有復活的跡象，消失無蹤。

MORE DETAILS ··

居氏山鱂細長的頭部占了全身三分之一，圓圓的下顎有個圓拱狀的嘴唇往外凸出。體色是金黃色混雜著綠色。幼魚時期鱗片會有黑色斑點，成長後就會消失，據說會散發絢爛的光輝。

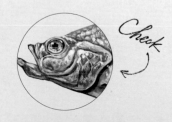

Check

胃育溪蟾

英文名稱：Southern Platypus Frog　學名：*Rheobatrachus silus*

分類：兩棲綱　無尾目　龜蟾科　絕種：1983年

分布：澳洲・昆士蘭特州　全長：3～5.5㎝

MAP

我可愛的孩子就在胃袋裡

這種青蛙也稱作「南部胃育蛙」，外表和其他青蛙沒有兩樣。
不過牠養育幼蛙的方法很特別。沒有任何人看過胃育溪蟾的蝌
蚪。這是因為蝌蚪會在母親的胃袋裡順利長大，等到手腳都長
出來，成為健壯的青蛙之後，才會出去接觸外面的世界。

這種稀有的青蛙，在1972年重新被發現後經過十幾年，突然絕
種了。雖然絕種原因不明，但一般認為是環境惡化及壺菌病帶
來的影響。1981年以後，再也沒有發現野生的胃育溪蟾，而在
1983年，人類所飼養的個體也死亡了，最後一隻是雄蛙。

進入2000年之後，雖然嘗試過「拉撒路計劃（The Lazarus
Project）」希望藉由基因複製使其重生，但每次實驗都沒有撐過
胚胎的初期階段，短短幾天就死亡。即使如此，研究員仍夢想
著「總有一天一定要讓牠復活，開開心心地跳來跳去」。

MORE DETAILS ·······························

雌蛙會吞下受精卵，在胃袋中孵化。這段期間，雌蛙的胃袋就像
哺乳動物的子宮一樣作用，會停止由胃酸進行的消化作用。經過6
到7週之後，母蛙會將自己的孩子從口中產出。

金蟾蜍

英文名稱：Golden Toad　學名：*Bufo periglenes*

分類：兩棲綱　無尾目　蟾蜍科　絕種：1990年

分布：哥斯大黎加　全長：4～5.5㎝

MAP

消失的哥斯大黎加寶石

金蟾蜍是只棲息在中美洲哥斯大黎加熱帶雨林的稀有青蛙，又稱環眼蟾蜍。

雄蛙的外表閃耀著鮮豔的橘色，而雌蛙的顏色則是淡淡的橄欖綠。金蟾蜍於1966年被發現。主要生活在地下，只有在繁殖期的幾天才會離開巢穴來到地面上。在這短暫的期間，昏暗的熱帶雨林會染成一片金黃色。某位研究員稱這幅景象為「金蟾蜍的祭典」。

1987年，好幾千隻的金蟾蜍集合起來舉辦盛大的祭典。但是到了隔年1988年，只剩下11隻。再到隔年只剩下1隻。最後到了1990年，已經沒有任何金蟾蜍參加祭典了。從此之後，有「皇冠寶石」之稱的金蟾蜍消失無蹤，就像被山神抓走了一樣。

由於牠們消失得太突然，到底是由於酸雨、土壤汙染、紫外線增加或壺菌病的流行所導致的，說法眾說紛紜。但是，目前並不清楚確切的原因。

MORE DETAILS ⋯⋯⋯⋯⋯⋯⋯⋯⋯⋯⋯⋯⋯⋯⋯⋯⋯⋯⋯⋯⋯

有人主張，兩棲類動物難以適應環境的變化，或許會成為地球暖化首當其衝的犧牲者。原因是兩棲類必須棲息在有水和陸地的雙重環境，且皮膚比較薄，對濕度及氣溫的變化敏感，有害物質容易進入到體內。

Check

白鱀豚

英文名稱：Chinese River Dolphin　學名：*Lipotes vexillifer*

分類：哺乳綱　鯨偶蹄目　白鱀豚科　絕種：2006年

分布：中國・長江流域　全長：2～2.7m

MAP

尋找長江的女神

白鱀豚是棲息在淡水的江豚，是中國長江的特有種。自古以來，就以象徵和平與繁榮的「長江女神」之名備受愛戴。雌性的體型比雄性還要大，體長最長可到2.7m，體重可達160kg。體色為藍灰色，背部到腹部的顏色較淡。眼睛幾乎已經退化、變小，位於臉部上方。會單獨行動也會夫妻一同行動，有時會10頭左右成群生活。捕魚時會用高度發達的回聲定位※來代替退化的視力。

由於快速的環境變遷等多種因素，從1980年代起，約400頭的個體數量年年減少。在1999年的調查，只確認到4頭白鱀豚，並在2006年宣告絕種。雖然在2016年曾有保育人士傳出目擊情報，但至今仍沒有確實的證據。

※回聲定位：指發出超音波以測量和目標物之間的距離。

MORE DETAILS

由於江豚的所有同類，頸椎都沒有融合在一起，因此能夠自由移動脖子。長長的嘴啄也是特徵之一。白鱀豚同樣也會用嘴啄靈巧地捕捉潛入河底的魚。

Check

Chapter

II

WINGED ANIMALS

有翅膀的生物

巨脈蜻蜓

英文名稱：Meganeura　學名：*Meganeura monyi*

分類：昆蟲綱　魁翅目　巨脈科

生存年代：石炭紀末期（2億9000萬年前）

分布：法國、英國、北美　展翅寬：約70㎝

MAP

展翅70cm的巨大蜻蜓

約3億年前的石炭紀，巨大蕨類植物組成的森林覆蓋住整個地球。節肢動物比其他生物早一步離開水中，來到陸地上，也出現部分變得巨大、飛在空中的昆蟲。巨脈蜻蜓也是其中之一，其展開翅膀的寬度長達約70cm，和烏鴉幾乎是同樣的大小。

據說石炭紀的天空是獨特的深褐色。超過40m高的蕨類植物釋放出大量氧氣，氧氣濃度也高達30%。昆蟲以豐富的氧氣當作能量而變得巨大。這個時代，翼龍或鳥類都還沒有出現。擁有翅膀的只有昆蟲，天空就是牠們的聖域。當時脊椎動物也才剛從兩棲類進化成爬蟲類，就像是小型蜥蜴般的生物。

而當蜥蜴終於飛上天空、鳥類的祖先誕生時，飛翔的巨大昆蟲則消失無蹤。在3億年後的天空中飛翔的蜻蜓，是藉由變小而生存下來的巨脈蜻蜓遙遠的子孫。

MORE DETAILS ···

巨脈蜻蜓的翅膀構造相當原始，沒有像現代蜻蜓高超的飛行能力，而是像滑翔翼一樣滑行。牠也沒辦法收起翅膀，不過可能可以分別揮動4片翅膀。

空尾蜥

英文名稱：Coelurosauravus　學名：*Coelurosauravus jaekeli*

分類：爬行綱　雙孔亞綱　空尾蜥科

生存年代：二疊紀後期（2億5000萬年前）

分布：德國、英國、馬達加斯加島　全長：40～60㎝

MAP

龍是實際存在過的生物

西方幻想中的動物——龍，擁有4隻腳和1對翅膀。在很久以前，有一種可愛的爬蟲類長得很像這種龍，那就是二疊紀（2億9000萬年～2億5100萬年前）的空尾蜥。牠的體長約40～60cm左右。翼龍或鳥類的翅膀是由前腳變化而來的，但空尾蜥的翅膀並不是由4隻腳變化而成，而是從身體側面長出薄薄的翅膀。牠的鼻子很尖，頭上還有長刺的小小花冠。空尾蜥住在樹上，展開翅膀後會像滑翔機般滑行，以便捕捉昆蟲，或者逃離掠食者。學名是「中空蜥蜴的祖先」之意。為了減輕體重，尾巴呈現中空的狀態。

雖然地球史上第一個在天空飛行的生物是昆蟲，不過空尾蜥卻是歷史上第一個飛上天空的爬蟲類。牠們因二疊紀末期的大滅絕而消失，生物系統也沒有保留下來。

MORE DETAILS ··

空尾蜥和現在的飛蜥生態有些類似，不過飛蜥的翅膀是由肋骨延伸出去、撐開皮膜。而空尾蜥的翅膀完全沒有和肋骨相連，是獨立的部位。

真雙型齒翼龍

英文名稱：Eudimorphodon　學名：*Eudimorphodon*

分類：爬行綱　翼龍目　真雙型齒翼龍科

生存年代：三疊紀後期（2億2800萬年～1億9960萬年前）

分布：義大利、格陵蘭、北美　全長：約1m

MAP

長有菱形尾巴的最古老翼龍

進入三疊紀（約2億5100萬年～1億9960萬年前）時，一部分爬蟲類的
前腳變成翅膀，開始飛向空中。那就是翼龍。

真雙型齒翼龍以最古老的翼龍之一而聞名，屬於喙嘴翼龍類
（Rhamphorhynchus），特徵是長有牙齒的嘴喙和細長的尾巴，
翅膀展開時不足1m，體型嬌小。學名是「真正的2種牙齒」之
意。一般認為，牠擁有獠牙般的牙齒以及鋸齒狀的牙齒，用以
捕食魚類。

現在，在天空中飛翔的動物有鳥類及蝙蝠等。不過翼龍在更遙
遠的古代就出現了，比始祖鳥的登場還早約3000萬年。翼龍的
特徵是形成翅膀的前腳第4根趾頭異常地長。從第4根趾頭長出
大片的皮膚和軀體相連，形成翅膀。

到了侏儸紀，甚至出現超過10m的翼龍，但在白堊紀末期的大
滅絕，所有的翼龍都消失了。現存的爬蟲類，沒有一種能夠飛
上天空。

MORE DETAILS ···
真雙型齒翼龍的特徵是尾巴前端的菱形狀小型尾翼。牠用這個部
位取得和大型頭部間的平衡。在白堊紀，大多繁盛的物種都沒有
尾巴。這是由於頭部愈來愈輕，不再需要尾巴的緣故。

Check

顧氏小盜龍

英文名稱：Microraptor gui　學名：*Microraptor gui*

分類：爬行綱　蜥臀目　馳龍科

生存年代：白堊紀前期（1億4550萬年～9900萬年前）

分布：中國　全長：40～80cm

MAP

擁有4片翅膀的羽毛恐龍

約6500萬年前，白堊紀末期的大滅絕宣告中生代結束，也使得大型恐龍通通絕種。就只有擁有翅膀、能夠飛翔的小型恐龍存活下來，牠們的子孫就是鳥類。

顧氏小盜龍是結合恐龍及鳥類的肉食性恐龍，生活在約1億年前的白堊紀。大小和鸚鵡或烏鴉差不多。全身被羽毛覆蓋，四肢變成翅膀，連細長的尾巴也長出羽毛。

牠到底是如何用這4片翅膀在空中飛行的，關於這點眾說紛紜。是從樹上往下跳滑行的？還是從地面上藉由彈跳而飛起來的呢？牠的黑色翅膀有著藍色光澤，反射太陽光後，會閃爍出金綠色或金紫色。手指長有勾爪，沒有嘴啄。下顎偏小，長有尖銳的牙齒。

這種優雅的鳥還留有恐龍的影子，但我們絕對不可以小看顧氏小盜龍。畢竟牠的同類可是在電影《史前公園（Prehistoric Park）》一舉成名，那位有點小聰明又殘忍的迅猛龍呢。

MORE DETAILS ·······························

顧氏小盜龍的後腳也長有飛行用的羽毛，似乎可藉此高速迴旋。據說牠的後腳能彎曲到身體下方，就像雙翼機一樣，飛行時翅膀能夠上下並排。

Check

冠恐鳥

英文名稱：Diatryma　學名：*Gastornis giganteus*

分類：鳥綱　冠恐鳥形目　冠恐鳥科

生存年代：古新世（6550萬年～5500萬年前）

分布：德國、北美　身高：約2m

MAP

恐鳥短暫的光輝時代

6500萬年前，中生代拉下帷幕，大型恐龍絕種。就像要填補這段空白似的，新站上生態系頂點的物種，就是名為冠恐鳥※的恐鳥類，牠是一種大型的步行性鳥類。

冠恐鳥的身高為2m，體重200kg。雖然翅膀退化而無法飛行，卻能用強而有力的雙腳快速行走。牠和現存的鴕鳥或現已絕種的恐鳥（Giant Moa）相比，特徵是身體很結實，頭和嘴啄異常巨大，脖子也很粗。

據說冠恐鳥能用強壯的雙腿踢擊、獵殺小型哺乳類，用巨大的嘴啄撕裂目標，是凶猛的肉食性鳥類。不過這幾年根據骨骼中鈣的分析結果，也有人提倡其實牠是草食性動物。

無論如何，冠恐鳥在生存競爭上輸給之後登場的肉食性哺乳類動物，轉眼之間結束了牠的繁盛。

※這幾年，歐洲的恐鳥類「Gastornis」和冠恐鳥是同一物種的說法已經成為主流。本書遵循此說。

MORE DETAILS ⋯⋯⋯⋯⋯⋯⋯⋯⋯⋯⋯⋯⋯⋯⋯⋯⋯⋯⋯⋯⋯

在漫畫《風之谷》（宮崎駿原作）中，有一種像極了冠恐鳥的騎乘用鳥類「鳥馬」。鴕鳥會左右大幅搖晃，乘坐的感覺絕對稱不上舒適，那麼坐在冠恐鳥上的感覺又會如何呢？

Check

恐鳥

英文名稱：Giant Moa　　學名：*Dinornis maximus*

分類：鳥綱　恐鳥目　恐鳥科　絕種：1500年代

分布：紐西蘭　頭頂高：約3.6m

MAP

被獵捕光的史上最大鳥類

恐鳥是曾生活在紐西蘭的鳥，不會飛行。頭的高度約3.6m，是史上最高大的鳥類。雌鳥比較高大，體重約250kg。

約1000年前，毛利人搭船來到原本是鳥類天國的紐西蘭。他們獵捕恐鳥的肉和蛋，用羽毛裝飾頭髮，磨碎頭骨的粉末用於染色。狩獵擁有強力雙腳的恐鳥有個訣竅。面對被逼到死路，打算抬起單腳反擊的恐鳥，只需一擊絆倒牠的另一隻腳即可。或者利用恐鳥有在砂囊囤積石頭的習性，讓牠吞下烤過的石頭就能殺死。1769年，英國的探險家庫克船長（Captain James Cook）來到當地時，恐鳥已經成為傳說中的存在了。

「在很久以前，有一種很大的鳥類。由於島上缺少糧食，且這種鳥容易掉入陷阱，因此這種鳥就絕種了」──這是1800年代初期，某位毛利人所說的話。

MORE DETAILS ·····································
恐鳥擁有短而強壯的雙腿，以及寬大的3根腳趾，以支撐牠巨大的身體。遇到天敵哈斯特鷹（P70）或人類襲擊時，牠應該會不斷使出踢擊，勇敢地應戰吧。

Check

哈斯特鷹

英文名稱：Haast's Eagle　學名：*Harpagornis moorei*

分類：鳥綱　隼形目　鷹科　絕種：1500年代

分布：紐西蘭　展翅長：約3m

MAP

以時速80km急速下滑的獵人

恐鳥（P68）是棲息在紐西蘭、史上最巨大的鳥類。而狩獵這種巨鳥的就是哈斯特鷹。哈斯特鷹比現在的任何猛禽類都還要大，體格相當健壯。張開翅膀最大可到3m，體重約14kg。牠狩獵時，會以時速80km的速度急速下滑，襲擊獵物。毛利人在約1000年前，來到原本是無人島的紐西蘭。在他們的傳說中，就有提到從森林裡飛出來的可怕大鳥。

「過去曾有一種會吃人的鳥。這種鳥相當巨大，會襲擊小孩子或女人，連男人也不放過，牠把他們抓到空中後帶走。我們依據巨鳥的叫聲，稱呼牠為Te Hokioi。」

在那之後過了500年。恐鳥成為人類的糧食，而失去獵物的哈斯特鷹，也從地球上消失無蹤。

MORE DETAILS ·····················

哈斯特鷹有著像是老虎般強而有力的利爪，以及銳利的嘴啄。話雖如此，要狩獵超過200kg的恐鳥把牠捉走也是困難至極。因此牠會從上空發動攻擊，用利爪將脖子或頭部的骨頭扭斷或捏碎。

Check

象鳥

英文名稱：Elephant Bird　學名：*Aepyornis*

分類：鳥綱　隆鳥目　隆鳥科　絕種：1600年代

分布：馬達加斯加島　頭頂高：約3.4m

MAP

不會飛的大鵬鳥

在《天方夜譚》出現的大鵬鳥，曾抓起大象帶走，光是一根羽毛就有棕梠葉的大小。據說象鳥就是這種傳說中巨鳥的原型。牠到頭頂的高度超過3m，體重重達500kg。身高雖然輸給恐鳥（P68），體重卻是鳥類史上第一重。

在肉食性哺乳類較少、曾經是無人島的馬達加斯加島上，象鳥的翅膀退化，身體變得巨大。牠的雙腳就像柱子一樣粗壯，但據說這也讓牠無法快速跑動。

約1000年至2000年前，人類開始進出馬達加斯加島。他們開墾森林，為了肉和蛋而狩獵象鳥。13世紀以後，尋找傳說中鳥類的探險家們，能看到的只剩變成化石的骨頭及鳥蛋外殼。僅僅200～300年前，「大鵬鳥」確實存在過——只留下這道痕跡，象鳥就消失了。

MORE DETAILS ·······································

象鳥的蛋是動物界體積最大的蛋。外殼的厚度達4mm，上下直徑約30cm，左右直徑20cm。容積也有9L，竟然是7個鴕鳥蛋、180個雞蛋的大小！一顆蛋能夠做90人份的蛋包飯。

Check

度度鳥

英文名稱：Dodo　學名：*Raphus cucullatus*

分類：鳥綱　鴿形目　度度鳥亞科　絕種：1681年

分布：模里西斯共和國　全長：約1m

MAP

愛麗絲夢遊仙境中遲鈍的鳥

在路易斯・卡洛爾（Lewis Carroll）的《愛麗絲夢遊仙境》中登場的度度鳥，出人意料地是鴿子的同類，棲息在印度洋的模里西斯島上。我們一般口中的度度鳥，就是指模里西斯度度鳥。雖然牠的同類還有留尼旺度度鳥（*Threskiornis solitarius*）和羅德里格斯度度鳥（*Pezophaps solitaria*），不過都已經絕種。1598年，時值大航海時代，荷蘭艦隊發現了度度鳥。牠的體長約1m，體重約25kg。頭部前端長有彎曲且肥胖的嘴啄，翅膀已經退化，所以不會飛。牠用肥胖短小的雙腳搖搖晃晃地走路，「嘟嘟」地鳴叫著。被發現後僅僅過了83年就絕種了。這是因為人類所帶來的狗和老鼠，吃掉了牠們的蛋和雛鳥。

人們將度度鳥視為珍貴的動物，也將牠帶往歐洲。牠被納入神聖羅馬帝國皇帝魯道夫二世的動物收藏內，宮廷畫家若蘭特・薩威里（Roelant Savery）曾經畫下度度鳥的身影。英國的牛津大學博物館內，就有收藏其繪畫和標本。

聽說同大學的數學教授路易斯・卡洛爾，相當中意這些收藏的樣子。

MORE DETAILS ·······································
路易斯・卡洛爾的本名為查爾斯・路特維奇・道奇森（Charles Lutwidge Dodgson）。他個性內向，而且有口吃，綽號正是「度度鳥」。據說實際上度度鳥的性格不服輸，會用堅硬的嘴啄不斷啄向敵人，或用向外突出的翅膀骨頭拍打對方。

大溪地磯鷸

英文名稱：Tahiti Sandpiper　學名：*Prosobonia leucoptera*

分類：鳥綱　鴴形目　鷸科　絕種：1777年

分布：大溪地島　全長：約15cm

MAP

在南洋的小島上靜靜地滅絕

大溪地磯鷸是棲息在南太平洋大溪地島上的鳥類。沒有任何關於牠的生態和習性等紀錄。在1773年和1777年所採集到的標本，現在也只剩下1個。據說大溪地磯鷸絕種的原因，和移民帶來的豬有關。

1769年，英國的探險家庫克船長來到大溪地島。當時的探險隊伍一到達島上，就為了下次來訪時的糧食，將豬和山羊野放於當地。被海洋孤立的這座島上，原本沒有哺乳類。但是現在的大溪地卻有野生化的豬，也就是大溪地豬。由於豬是雜食性，就將大溪地磯鷸的蛋吃得一乾二淨了吧。無論如何，從庫克船長來到島上後過了8年，1777年之後就沒有任何人看過大溪地磯鷸了。

MORE DETAILS

大溪地磯鷸從頭部到背部、翅膀都是褐色的。腹部是混有橘色的黃色，眼睛後方和咽喉處有白色斑點。由於牠過於嬌小，無法當作糧食，身體上也沒有能夠拿來裝飾的長羽毛，因此大溪地的原住民似乎一點都不關心這種鳥類。

大海雀

英文名稱：Great Auk　學名：*Pinguinus impennis*

分類：鳥綱　鴴形目　海雀科　絕種：1844年

分布：北大西洋、北極海　全長：約80㎝

MAP

企鵝始祖最後的日子

過去曾棲息在北極圈、集體生活的大海雀，是一種像極了企鵝的海鳥。牠們的翅膀已經退化，很擅長游泳。會在陸地上直立身體站著，搖搖晃晃地走路。實際上，大海雀是第一個被稱作「企鵝」的鳥類。

據說1534年發現大海雀當時，總共有數百萬隻的大海雀。牠們不害怕人類，動作遲緩，肉和蛋都很美味，羽毛和脂肪也都有用處。大海雀是最適合作為獵物的鳥類，因此人們開始了獵捕行動，到了1830年只剩下50隻左右。而歐洲博物館及收藏家們意欲出高價購買稀少的標本，更是加快了大海雀滅絕的速度。

1844年6月3日，有三個獵人發現正在孵蛋的一對大海雀。雄鳥當場就被撲殺，而打算保護蛋的雌鳥也被勒死。因為這場騷動使得蛋破裂，那些男人都很不高興。

這就是大海雀這個物種在地球上渡過的最後一天。據說這一對鳥在丹麥的哥本哈根被剝皮，製成標本。

MORE DETAILS ···

大海雀到了繁殖期，就會登上小島，在沒有天敵的岩石上或斷崖，直接產下唯一的1顆蛋。蛋本身的形狀很獨特，就像洋梨一樣，這是為了不讓蛋有個萬一而滾落山崖。

Check

塞席爾鳳蝶

英文名稱：Seychelles Swallowtail Butterfly　學名：*Papilio phorbanta*

分類：昆蟲綱　鱗翅目　鳳蝶科　絕種：1890年

分布：塞席爾群島　展翅寬：約10㎝

如夢似幻的藍色蝴蝶

塞席爾群島位於距非洲東部1300公里的海洋上，是由115個島嶼所組成的國家。世人稱之為「印度洋的珍珠」，是相當美麗的群島。

塞席爾鳳蝶只被目擊過2隻。據說雄蝶的黑色翅膀，帶有藍色和綠色的斑點，雌蝶淡褐色的翅膀上有奶油色的斑點。這是僅有的資訊。說不定，這種蝴蝶是由位於塞席爾群島1800公里以南的留尼旺島橫渡而來。因為留尼旺島有許多鳳蝶棲息著，而塞席爾鳳蝶和其中一種相當類似。

1890年之後，幾乎沒有人再親眼看過這種蝴蝶。這種夢幻般的鳳蝶不為人知地棲息著，又在不為人知的狀況下絕種。正因如此，牠們或許是從地表上消失無蹤的各種生物中，最美麗的一種生物吧。

MORE DETAILS ···

為了描繪出塞席爾鳳蝶這種不為人知的蝴蝶，趙燁可說花了不少功夫查閱資料。為了重現翅膀的圖案，所參考的模特兒之一就是棲息於美洲大陸的閃蝶。這種蝴蝶的特徵是帶有光澤的藍色，被譽為世界上最美麗的蝴蝶。

史蒂芬島異鷯

英文名稱：Stephens Island Wren　　學名：*Xenicus lyalli*

分類：鳥綱　雀形目　刺鷯科　絕種：1894年

分布：紐西蘭・史蒂芬島　全長：約10cm

MAP

被貓發現，被貓滅絕的小鳥

史帝芬島是一座位於紐西蘭南島及北島間的小島。史蒂芬異鶇就棲息在這座島上，牠是一種不會飛的鳥，在雀形目中相當少見。

那件事發生在1894年。史帝芬島上看守燈塔的家族，和一隻家貓一起生活。有一天，那隻貓嘴裡叼著沒有見過的鳥兒回來。從那天以後，貓兒每天都會出門去海岸邊，總共捕捉到11隻鳥。燈塔看守人把鳥兒的屍體寄給鳥類學家。這就是新品種「史蒂芬異鶇」發現的契機。在那之後，貓兒又捕捉到4隻鳥，之後就再也沒有叼來其他鳥兒。

史蒂芬異鶇以「因為一隻貓而被發現，同時因貓滅絕」的傳說而聞名。但是卻無人知曉牠的生態。只有「這種鳥類會在傍晚出現，不會飛」的燈塔看守人紀錄流傳下來。

MORE DETAILS ···

在紐西蘭並不存在肉食的哺乳類。居於生態系頂端的是鳥類，而許多鳥朝著不會飛的方向進化。史蒂芬異鶇在鳥類的生態系中，地位如同老鼠。

Check

北島垂耳鴉

英文名稱：Huia　學名：*Heteralocha acutirostris*

分類：鳥綱　雀形目　垂耳鴉科　絕種：1907年

分布：紐西蘭北島　全長：約50cm

MAP

成為時尚教主的神聖之鳥

北島垂耳鴉是紐西蘭特有的絕種鳥類之一。體長約50㎝左右，全身幾乎呈現黑色，嘴啄的根部長有橘色的肉垂。牠棲息在北島的森林裡，雄鳥和雌鳥總是一起行動。據說牠們的叫聲就如同長笛般悅耳。

北島垂耳鴉用毛利族的話來說就是huia。huia的意思是神聖的鳥。牠們尾巴末端又長又白的尾羽特別貴重，只有部落的酋長才能將這根尾羽裝飾在頭髮上。

北島垂耳鴉絕種的契機在1900年左右。來到紐西蘭訪問的英國王室約克公爵（Duke of York），將毛利族贈送的羽毛裝飾在帽子上。之後約克公爵的穿著在歐洲流行起來，許多人都想要那根羽毛，因而開始濫捕。

1907年某天，一隻北島垂耳鴉飛向森林裡。這是牠最後一次被人看到，從此毛利族的huia再也沒有出現過。

MORE DETAILS ··

北島垂耳鴉雌雄鳥的嘴啄形狀完全不同。雌鳥的嘴啄細長，會向下彎曲，而雄鳥的嘴啄則又直又短。這是因為夫妻鳥要同心協力獵食，另有一說是為了提高物種的生存率。

Check

旅鴿

英文名稱：Passenger Pigeon　學名：*Ectopistes migratorius*

分類：鳥綱　鴿形目　鳩鴿科　絕種：1914年

分布：北美東部至中美洲　全長：約40㎝

MAP

從50億隻減少到0隻的鴿子

旅鴿是鳥類史上擁有最多個體數量而引以為榮的鳥——推測多達50億隻。牠們不斷重複從北美大陸的東北部朝南部、一大群一起移動，因此胸部的肌肉相當發達，能夠以時速100km長距離飛行。

1813年，鳥類學家兼畫家的約翰·詹姆斯·奧杜邦（John James Audubon）親眼見到牠們的遷移。「牠們成群結隊，宛如覆蓋整個天空，整整三天不間斷地持續飛行」他如此記載的旅鴿，已經再也沒有旅行過了。

當時美國正值拓荒時期，對旅鴿鮮美的肉質及美麗羽毛的需求大幅提升。人們不斷鋸斷整棵樹木，群體撲殺、濫捕就寢中的旅鴿。經過醃製的肉會透過當時剛開通的鐵路送往都市。

大量的撲殺持續了50年以上。1850年，美國境內的個體數量大幅減少，1904年，野生種消失。而在動物園受到保護，取名為瑪莎（Martha）並受到細心照料的最後一隻旅鴿，也在1914年9月1日逝去。

MORE DETAILS ·······································
旅鴿是種相當美麗的鴿子。頭部小巧尾羽偏長，全身呈現圓滑的流線形。雄鳥的背部及翅膀有著鮮豔的灰藍色，胸部是明亮的胭脂紅，而眼睛是鮮明的橘色。雌鳥比較樸素，是沉穩的灰色。

Check

笑鴞

英文名稱：Laughing Owl　學名：*Sceloglaux albifacies*

分類：鳥綱　鴞形目　鴟鴞科　絕種：1914年

分布：紐西蘭　全長：約40㎝

MAP

夜晚響徹森林的怪異大笑聲

紐西蘭分為北島和南島，這兩座島上各住著1種笑鴞的亞種。名字的由來是牠會發出獨特的叫聲。人們形容那道聲音是「陰沉的慘叫」、「從遠處就可聽見的男人呼叫聲」或「憂鬱的嘲笑聲」。牠的體長約40㎝。全身是深褐色及奶油色的斑紋。

笑鴞絕種的主要原因是外來種的移入。人們為了驅逐穴兔而引入的白鼬或雪貂，也襲擊了笑鴞。甚至因為來自歐洲的船有肉食性的老鼠潛入，因此蛋或雛鳥也都被吃掉了。

另外由於人們喜歡牠稀奇的叫聲，也會捕來當作寵物，笑鴞的數量便逐漸減少。1890年，北島的笑鴞已經消失無蹤，而南島在1914年最後一次有人親眼看過之後，就再也沒有響起這種笑聲了。

MORE DETAILS ·····

由於笑鴞的體型翅膀短，雙腳長，因此無法順利飛行。牠會停駐在矮木的樹枝上等待獵物上門，如果捕捉到獵物，會在地面上而非樹上享用。主要的食物是草食性鼠，或是穴兔。

Check

卡羅萊納長尾鸚鵡

英文名稱：Carolina Parakeet　學名：*Conuropsis carolinensis*

分類：鳥綱　鸚形目　鸚鵡科　絕種：1918年

分布：北美東部　全長：約30cm

MAP

羽毛被用來裝飾的北美鸚鵡

大多數的鸚鵡都棲息在亞熱帶地區。不過卡羅萊納鸚鵡是唯一生活在北美大陸的特有種。雖然數量比不上同樣是特有種的旅鴿（P86），但牠的個體數量也很多，過去到處都能聽到牠們充滿精神的說話聲。

牠們棲息在河邊的森林，夜晚在樹洞裡沉睡，到了早晨就出門獵食，日復一日。悲劇始於1800年代。當時美國正值拓荒時期，首先是棲息地的森林開始減少。而不幸的是，這種鸚鵡相當愛吃水果，牠們會非常大量地聚集在拓荒者的果園，使得水果在收穫前就全被吃光。憤怒的拓荒者們就用散彈槍陸續射殺鸚鵡群。

牠們的肉可拿來食用，美麗的羽毛可以當作婦女帽子的裝飾，因此數量大幅減少。1904年，卡羅萊納長尾鸚鵡的野生種消失，1918年9月，辛辛那堤動物園最後一隻名為印卡斯（Incas）的雄鳥也過世了。而4年前在同一個動物園內，旅鴿也絕種了。

MORE DETAILS ·······

鳳頭鸚鵡科（Cacatuidae）的外表基本上是白色或灰色等單色系，相對的，大多鸚鵡的同類都長有彩色的羽毛。卡羅萊納鸚鵡也有鮮艷的外表，頭部呈現橘色及黃色，頸部以下是綠色。

Check

天堂長尾鸚鵡

英文名稱：Paradise Parrot　學名：*Psephotus pulcherrimus*

分類：鳥綱　鸚形目　鸚鵡科　絕種：1927年

分布：澳大利亞・昆士蘭州　全長：約30cm

MAP

美麗是悲劇的開始

看到那道美麗又優雅的身影，任何人都會想納為己有吧……。

某位研究員是這麼描述天堂長尾鸚鵡的。

天堂長尾鸚鵡生活在澳洲東部的草原地區。外表鮮艷且美麗，
會親近人類。在19世紀的英國，相當流行飼養天堂長尾鸚鵡，
大量的鸚鵡因此被捕捉。

不過這種鳥有個奇怪的習性，牠們習慣在螞窩的蟻丘一旁挖洞
築巢。難以飼養在室內，橫渡大海的鸚鵡沒有留下任何子孫，
陸續死去。

由於濫捕及棲息地被開墾，野生的個體數量大幅減少。20世紀
初已經看不到牠們的身影。最後被確認的一對鳥，在1927年將
蛋留在鳥巢之後，就這樣消失無蹤。

說不定，牠們是為了尋找真正的天堂而飛走的。

MORE DETAILS ································

天堂長尾鸚鵡的額頭是紅色的，羽毛上有著大片紅色斑點。頭
部和胸部呈現藍綠色，尾羽是藍色的。在澳洲還留有2種外表極
為接近的近親種，一種是會在蟻窩旁築巢的金肩鸚鵡（*Psephotus
chrysopterygius*），另一種則是巴拿馬亞馬遜鸚鵡（*Amazona ochrocephala*）。

Check

新英格蘭黑琴雞

英文名稱：Heath Hen　　學名：*Tympanuchus cupido cupido*

分類：鳥綱　雞形目　雉科　　絕種：1932年

分布：美國・新英格蘭地區　全長：約40㎝

MAP

運氣不好的草原雞

日本的特別天然紀念物（注：指稀少又有獨特價值的地理事物）雉雞只會出現在高山上，但是北美的草原雞（*Tympanuchus*）怎麼看都是普通的鳥類。牠的體長約40㎝。雄性的頸部兩旁有個垂袋，一到發情的季節就會上下劇烈晃動以吸引雌性。其中新英格蘭地方的亞種，就是新英格蘭黑琴雞。

移民者將新英格蘭黑琴雞當作食物濫捕。由於孵蛋中的雌性有著不離開巢穴的習性，只要盯上這點，人類就能輕而易舉地獵殺牠們。

1870年代，新英格蘭黑琴雞在本土絕種，只剩下在麻薩諸塞州沙灘島上的群體，而在1907年的調查中，只剩下77隻。此時終於開始積極的保育活動，1916年恢復到2000隻左右。原以為可以就此安心，卻在繁殖期發生森林火災，大部分的雌性因此死亡。而且冬天還出現異常的寒冷及流行病，到了1932年11月，最後一隻新英格蘭黑琴雞死亡，宣告絕種。

MORE DETAILS ·······························

最後一隻新英格蘭黑琴雞是雄雞，名字叫做布明班（Booming Ben）。據說牠會站在喜歡的地方，晃動頸部兩旁橘色的垂袋，不斷重複求偶行動。牠一定相信著總有一天回應牠的雌雞會出現吧。

Check

粉頭鴨

英文名稱：Pink-Headed Duck　學名：*Rhodonessa caryophyllacea*

分類：鳥綱　雁形目　鴨科　絕種：1940年

分布：印度、尼泊爾、緬甸　全長：約60㎝

MAP

受人喜愛的粉紅色是罪惡的顏色

粉頭鴨是棲息在印度的美麗鴨子。牠全身都是褐色，頭部和頸部卻是薔薇般的粉色，而翅膀下方同樣是鮮艷的粉紅色。據說從下方觀看飛行時的粉頭鴨，身體的褐色和粉紅色呈現鮮豔的對比，相當美麗。

粉頭鴨主要的棲息地在恆河北部的廣大濕原上。由於此地有許多老虎和鱷魚，使得人類不會靠近，因此牠們能過著和平的日子。然而，當水田開始開發時，獵人也開始入侵。粉頭鴨不僅能當作食物，當時的印度也將牠視為社會地位的象徵，當作寵物飼養，因此被高價買賣。

再加上棲息地也跟著變少，原本個體數量就不多的粉頭鴨，轉眼之間大量減少。

在印度，粉頭鴨最後一次被目擊是在1935年，而尼泊爾的粉頭鴨早已在19世紀滅絕。雖然歐洲的動物園仍飼養著，不過在第二次世界大戰的混亂之中，那些粉頭鴨也死去了。

MORE DETAILS ·······························

粉頭鴨和其他稀奇的動物一樣，都被送往歐洲。不過據說某個動物園的園長，在看到滿心期待的粉頭鴨之後覺得相當失望。因為「粉紅色」只出現在頭部，而且顏色相當淡，不符合他的期盼。

Check

關島狐蝠

英文名稱：Guam Flying Fox　學名：*Pteropus tokudae*

分類：哺乳綱　翼手目　狐蝠科　絕種：1968年

分布：關島　展翅長：1～2m

MAP

業障深重的知名美食

關島在西太平洋上的馬里亞納群島最南端。過去島上曾有狐蝠棲息。牠的展翅寬約1～2m。白天時，牠們會懸掛在樹枝上睡覺，太陽下山進入夜晚後，就飛出來尋找水果或花蜜。除了牠們被吃得一隻都不剩導致絕種以外，關島狐蝠和其他島上的狐蝠沒有太大的差異，也沒有顯眼的特徵。

狐蝠也稱作果蝠，在亞洲、大洋洲及非洲是很受歡迎的食材。菲律賓原住民查摩洛人（Moro）也會將狐蝠當作食物，但並沒有經常吃。1960年代以後，關島以觀光勝地之姿蓬勃發展，狐蝠也被當作知名料理販賣，於是開始大量濫捕。終於在1968年，最後一隻狐蝠也被擊落，成為餐桌上的食物，滿足人類的胃袋。現在關島依然還有提供狐蝠料理。只能確定，這絕對不是關島狐蝠。

MORE DETAILS ·······································

一般人對蝙蝠的印象就是「吸血鬼」或「邪惡」。不過狐蝠有著圓圓的大眼睛，是種可愛的動物。由於牠們會依賴視覺飛行，因此眼睛又大又發達，相對地耳朵就變小了。

Chapter

III

LAND ANIMALS

·

陸地的生物

節胸蜈蚣

英文名稱：Arthropleura　學名：*Arthropleura*

分類：節肢動物門　節胸科

生存年代：石炭紀（3億5920萬年～2億9900萬年前）

分布：北美　全長：2～3m

MAP

長達3m的古代蜈蚣

約3億年前，正值古生代後半的石炭紀。地表上鱗木（P170）等
巨大蕨類植物生長茂密，形成深邃的森林。這些森林埋入地層
後變成石炭，因此稱為「石炭紀」。

節胸蜈蚣是在當時的森林地面上爬行的超巨大多足類，是蜈蚣
或馬陸的同類。體長約2m至3m，寬度甚至有45㎝。

想必牠的體重也相當重吧。爬行的痕跡深深刻印在地面，就這
樣直接變成化石，在世界各地都有類似的發現。

牠在古生代巨大化的節肢動物中，和廣翅鱟的同類並列為最大
級。身體有20個以上的體節，每個體節各長出1對腳。

接著進入二疊紀，地球變得寒冷之後，蕨類植物的森林滅亡。
而節胸蜈蚣的身影也就此消失。

MORE DETAILS ⋯⋯⋯⋯⋯⋯⋯⋯⋯⋯⋯⋯⋯⋯⋯⋯⋯⋯⋯⋯⋯⋯

蜈蚣是肉食性，會吃其他昆蟲；馬陸則是腐食性。節胸蜈蚣的下
顎構造看起來比較接近馬陸。雖然用不著擔心會被咬，但牠絕對
是我們不想碰見的生物之一。

杯鼻龍

英文名稱：Cotylorhynchus　學名：*Cotylorhynchus*

分類：合弓綱　盤龍目　卡色龍科

生存年代：二疊紀（2億9900萬年～2億5100萬年前）

分布：北美　全長：3.6～3.8m

MAP

豐滿肥胖卻維持小臉

杯鼻龍龐大的身軀加上嬌小的頭部，外型就宛如畸形的蜥蜴一般。不過杯鼻龍並不是爬蟲類，而是哺乳類的祖先——合弓類的同類。

杯鼻龍生存在約2億8000萬年前，二疊紀的前期。體長約4m，體重約2噸。一般認為是當時最大型的陸地生物。牠吃下植物後，會在酒桶般的體內使之發酵、消化。

在古生代末期，陸地上最繁盛的物種就是合弓類動物，像背部有著大型背帆的異齒龍（*Dimetrodon*）就相當有名。過去認為哺乳類是從爬蟲類進化而來，因此有段時間也稱之「似哺乳爬行動物」。現在的定論是，哺乳類的祖先「合弓類」及爬蟲類的祖先「蜥形類」，是由兩棲類同時並行進化而來。

約2億5100萬年前的二疊紀末期，出現史上最嚴重的生物滅絕事件。全部生物的90%～95%幾乎毀滅，大型的合弓類動物也消失無蹤。緊接而來的中生代是恐龍的天下。存活下來的合弓類進化成小型的哺乳類，等待東山再起。

MORE DETAILS ···

合弓類的「弓」是指頭蓋骨側面的開孔，肌肉會從中穿過。合弓類的左右有1對孔。人類的太陽穴就是當時留下來的部位。由於恐龍或鳥類所屬的蜥形類擁有2對開孔，因此也稱為「雙弓類」。

暴龍

英文名稱：Tyrannosaurus　學名：*Tyrannosaurus rex*

分類：爬行綱　蜥臀目　暴龍科

生存年代：白堊紀末期（6850萬年～6550萬年前）

分布：北美　全長：11～13m

MAP

長有羽毛的恐龍之王

若說到恐龍界的霸王，那就是暴龍了。牠的體長為11～13m，體重推測為6噸。牠是史上最巨大的陸棲肉食生物。

暴龍的頭蓋骨相當大，下顎強壯，能咬碎獵物的骨頭，嘴裡有著長而尖銳的牙齒。而支撐牠龐大身體的後腳也相當巨大，腳上的指甲長達近1m。牠前屈身體時能夠以時速30km的速度奔跑，雙眼會一直盯著前方看。牠的嗅覺也很敏銳，是個優秀的獵食者。為了和巨大的頭部取得平衡，前腳意外地小，也只有2根指頭。這2根指頭的力量強大，據說能夠快速地撕裂獵物。

暴龍學名的意思是「君王暴龍」。牠在中生代最後的白堊紀後期（約6850萬～約6550萬年前）統治整個陸地約300萬年。在白堊紀末期的大滅絕，和其他的許多恐龍一起絕種。

在電影《侏儸紀公園》中登場的暴龍和迅猛龍被稱為獸腳亞目（Theropoda）。也有人說牠們的身上長有羽毛。現在空中飛翔的鳥，是在生物大滅絕中存活下來的恐龍的子孫。

MORE DETAILS ⋯⋯⋯⋯⋯⋯⋯⋯⋯⋯⋯⋯⋯⋯⋯⋯⋯⋯⋯⋯⋯⋯⋯⋯⋯⋯

近年在中國發現的暴龍化石上，確認到羽毛的痕跡。而最近有些復原畫，也有畫出鬃毛般的羽毛。據說牠的小型前腳就像鳥類的翅膀一樣，會用於求偶跳舞。

冠齒獸

英文名稱：Coryphodon　學名：*Coryphodon*

分類：哺乳綱　全齒目　冠齒獸科

生存年代：古新世後期至始新世前期（5950萬年～4860萬年前）

分布：北美、中國　全長：2～2.5m

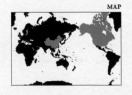

像極了河馬的笨重種族

中生代結束，恐龍滅絕之後來到了新生代。陸地上，像冠恐鳥（P66）等恐鳥或各種大小的鳥類四處行走。不過這段時間相當短暫，靜靜地活過恐龍時代的哺乳類，馬上就要開始爆發性的進化。最初繁盛的大型哺乳類，就是冠齒獸之類的全齒目同類。

冠齒獸在新生代的古新世後期至始新世前期（5950萬年～4860萬年前）棲息在東亞及北美，而2004年在熊本縣天草市，也發現了幾乎完整的頭蓋骨化石。牠的體長2～2.5m，體重多達300kg，是當時陸地上最大的生物。牠的外表和倭河馬很像。上顎的犬齒變成銳利的尖牙，據說牠就是用這個牙齒連根拔起河邊的草吃下肚的。

全齒目（Pantodonta）的特徵，就是腦袋比起其他哺乳類還要小得多。而絕種的原因，恐怕是在競爭上輸給後來進化的優秀生物吧。牠沒有任何子孫活到今天。

MORE DETAILS ···

全齒目的名字是來自於所有類型的牙齒都一應俱全。其中大臼齒特別發達，一般認為大部分都是草食動物。

Check

泰坦巨蟒

英文名稱：Titanoboa　學名：*Titanoboa*

分類：爬行綱　有鱗目　蚺科

生存年代：古新世（6500萬年～5500萬年前）

分布：哥倫比亞　全長：11～13m

MAP

能吞下鱷魚的巨大蟒蛇

2009年，在南美哥倫比亞發現泰坦巨蟒的化石。牠是目前所知最大的蛇類。體長推測有13m，體圍有3m，體重達1噸。現存的蛇類中，體型最大的水蚺體長是9m。泰坦巨蟒比牠要大多了。其學名就直接是「巨大的蚺」。泰坦巨蟒在新生代初期的古新世（約6500萬年～5500萬年前），棲息於亞馬遜河附近的水邊。一般認為當時的氣候比現代還溫暖，才有可能使蟒蛇變得巨大。

在發現泰坦巨蟒的地層中，果然也發現了巨大的古代鱷魚。同樣是蚺科的水蚺，會潛伏在水中等待獵物上門，有時候也把鱷魚整個吞下肚。體長大約6m的古代鱷魚，應該也無可避免成為泰坦巨蟒的食物。

美國的史密森尼博物館做了一部模擬影片，內容是泰坦巨蟒和中生代的王者暴龍（P106）「如果互相打鬥的話會如何」。結果泰坦巨蟒獲得壓倒性的勝利。就算是暴龍，只要被緊緊纏繞住身體，轉眼之間就無法動彈了。

MORE DETAILS ······························

蛇是蜥蜴的四肢退化之後的爬蟲類。關於腳退化的原因，目前分為「要在水中生活」及「要在地洞生活」兩個對立的論點，還沒有定論。另外，蛇的眼睛有一層透明的鱗片覆蓋，因此不會眨眼睛。這讓牠看起來很神祕。

Check

安氏中獸

英文名稱：Andrewsarchus　學名：*Andrewsarchus*

分類：哺乳綱　中爪獸目　三尖中獸科（未確定）

生存年代：始新世中期（4500萬年～3600萬年前）

分布：蒙古　全長：約3.8m

MAP

線索是史上最大的上顎

約4500萬年～3600萬年前的新生代始新世，正值鯨魚的祖先從陸地回到大海的時候。陸棲的肉食哺乳類之中，有種充滿謎團的動物擁有史上最大的上顎，那就是安氏中獸。

在蒙古戈壁沙漠發現的化石，是沒有下顎的頭蓋骨。整體的樣貌和生態完全不明。一般認為，牠應該是擁有蹄部的原始肉食性動物「中爪獸（Mesonyx）」的近親，推測「體長382cm，身高190cm」。

牠的頭骨長度為83cm，寬度56cm，遠遠大於現在的熊或獅子。不過從身體構造來看，牠並非能夠敏捷行動的肉食類掠食者。或許是像鬣狗一樣撿拾腐肉，也或許是草也吃什麼也吃的雜食性，又或者會棲息在河邊，用強壯的下顎咬碎烏龜的堅硬甲殼或貝類。隨著氣候變遷，地面持續變得乾燥，安氏中獸也絕種了。據說牠在生存競爭中，輸給了更加進化的肉食性動物。

MORE DETAILS ··

安氏中獸的口腔內排列著巨大且粗壯的尖銳牙齒。不過牙齒的形狀並不像現存的肉食性動物能夠撕裂肉。牠也有強壯的臼齒，可說相當適合「磨碎」獵物。

Check

爪獸

英文名稱：Chalicotherium　學名：*Chalicotherium*

分類：哺乳綱　奇蹄目　爪獸科

生存年代：中新世（2300萬年～500萬年前）

分布：日本、北美、歐洲　全長：約2m

MAP

有著馬臉的步行動物

約2000萬年前的歐亞大陸森林之中，住著一種奇妙的動物。牠的名字是爪獸。全長2m，身高約1.8m左右。牠的頭部很像馬，但前腳比後腳長很多，背部相當傾斜。

爪獸和馬及犀牛同樣是「奇蹄目」的同類。不過牠的前腳並沒有蹄，取而代之有著尖銳的鉤爪。走路的時候鉤爪會往內收起，像猩猩一樣以指關節行走。

奇蹄目過去曾經有許多系統，十分繁盛。現在只剩下馬科、犀科及貘科三科。爪獸沒有留下任何子孫就絕種了。當時因氣候寒冷，導致森林的面積減少、草原不斷擴大。或許牠無法適應這種環境變化吧。

2016年，日本發現長時間以來一直認為是1800萬年前的犀牛大腿骨化石，其實是爪獸同類的部位。爪獸棲息的地區比起人們所想像的，似乎還要更加廣泛。

MORE DETAILS ·····························

爪獸棲息在森林裡，喜歡吃軟嫩的樹葉。牠會抓住樹幹，用雙腳站立，並靈活地運用有鉤爪的長手臂將樹枝抓到面前。銳利的鉤爪也是保護自己的武器。雖然物種不同，不過牠的體型及生態和大地懶（P132）相當類似。

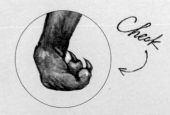

Check

鏟齒象

英文名稱：Platybelodon　學名：*Platybelodon*

分類：哺乳綱　長鼻目　嵌齒象科

生存年代：中新世（2300萬年～500萬年前）

分布：歐洲、北美、非洲　全長：約4m

MAP

臉上長著鏟子的奇妙大象

現在大象的同類，只剩下非洲草原象、非洲森林象及亞洲象3種。但是在過去，除了南極和澳洲以外，所有大陸上都棲息著不同種類的大象。其中外表特別奇異的大象，就是鏟齒象。牠生活在中新世（2300萬年～500萬年前）的蒙古。最明顯的特徵就是向外突出的長下顎。下顎的前端還有2塊鏟子般平坦的牙齒。據說牠會用這個牙齒連根掘起植物吃掉。因此，也有人稱牠為「鏟子牙象」。

鏟齒象的肩高約1.7m左右，以大象而言體型偏小，鼻子也不算長。不過其下顎發達的頭骨相當長，有1.8m。

大象的同類都有特別發達的鼻子，能夠靈巧運用於各種用途。而像鏟齒象這種古老類型的大象，就慢慢地消失了。

MORE DETAILS ·······························

大象的牙齒上下排門牙都長得很大。鏟齒象下顎的牙齒就像四方形的板子，2顆並排在一起。雖然牠上顎的牙齒比其他象類還要小，但是很細長。

Check

南方古猿

英文名稱：Australopithecus　學名：*Australopithecus*

分類：哺乳綱　靈長目　人科

生存年代：上新世（420萬年～230萬年前）

分布：非洲南部、東部　身高：1～1.4m

MAP

站起來……！妳會站了，露西！

在超過600萬年前，人類的祖先從和黑猩猩共通的祖先分支出來。捨棄森林生活，遷移到非洲東部或南部的熱帶莽原地區生活。牠們開始會用兩隻腳走路，腦部也急速發達。

南方古猿是進化到現今人類途中的其中一種化石人類（注：根據人骨化石認定過去存在的人類）。1924年在南非的波札那發現了化石。

牠生存的時代是上新世，也就是420萬年～230萬年前。身高約120cm，體型嬌小，大腦的容量是現代人類的三分之一左右。牙齒和骨骼具備明確的人類特徵。到了後期，似乎也懂得使用石器。接著1974年，在衣索比亞發現了有名的「露西（Lucy）」，她是湊齊全身40%骨頭的女性化石。有了她，我們得以證明雙腳行走可以促進腦容量的擴大。順道一提，她的名字是從調查隊發現當時所聽的披頭四歌曲而來。

學名的意思就是「南方的猿人」。過去有好長一段時間，被認為是「最古老的人類」。

MORE DETAILS ⋯⋯⋯⋯⋯⋯⋯⋯⋯⋯⋯⋯⋯⋯⋯⋯⋯⋯⋯⋯⋯⋯

現在最有力的學說，認為在600萬年～700萬年前生活在非洲中部的查德沙赫人（*Sahelanthropus tchadensis*），是擁有人類特徵最古老的化石。暱稱是「托瑪伊（Toumaï）」，在發現地查德當地的語言中，具有「生命的希望」之意。

Check

長頸駝

英文名稱：Macrauchenia　學名：*Macrauchenia patagonica*

分類：哺乳綱　滑距骨目　後弓獸科

生存年代：中新世末期至更新世末期（700萬年～2萬年前）

分布：南美　全長：約3m

MAP

讓達爾文煩惱的不可思議生物

「這是以往所發現的動物之中，最為奇妙的一種」——查爾斯・達爾文搭乘小獵犬號來到南美洲，讓他格外煩惱的就是發現了這個長頸駝的化石。由於長頸駝無法分類在現存哺乳類的任何物種之中，也成為催生出《進化論》的契機之一。

長頸駝是約700萬年前～2萬年前，棲息在南美的草食性哺乳類。牠的身體就像駱駝，而脖子就像長頸鹿一樣長，也有能夠自由移動的鼻子。

南美洲在超過1億年前，是被孤立的大陸。因此哺乳類得以在當地完成獨特的進化。長頸駝所屬的滑距骨目（Litopterna）也是其中之一。不過約300萬年前，北美大陸和巴拿馬地峽相連起來，樂園因此崩壞，南美特有的許多動物接連滅絕。在這場變動中好不容易存活下來的長頸駝，也在2萬年前絕種。或許當時進入南美的人類就是促使絕種的原因。

MORE DETAILS ···

長頸駝最大的特徵就是牠的鼻子。牠的鼻孔就像大象一樣，位於頭骨偏高的位置，鼻子雖然比不上大象，一般認為也有貘的長度。牠似乎能靈活地移動鼻子。如果動物園有長頸駝，一定會相當受歡迎吧。

Check

長角野牛

英文名稱：Giant Bison　學名：*Bison latifrons*

分類：哺乳綱　鯨偶蹄目　牛科

生存年代：更新世後期（180萬年～1萬年前）

分布：北美　全長：4～5m

MAP

角寬達2m！渾身肌肉的美洲野牛

約50萬年前到數萬年前，在北美生活的長角野牛，是最大型的哺乳類牛科。牠比現存的美洲野牛（American bison）還大上許多，肩高有2.3m，體長有4.8m。往左右延伸的巨大牛角兩端的寬度，有時甚至超過2m，是美洲野牛的2倍以上。牠舉著角向前突進的模樣，想必一定充滿魄力吧。

美洲野牛棲息在草原上，相對地長角野牛似乎是棲息在森林之中，以樹木的葉子維生。一般認為長角野牛滅絕的原因是氣候持續寒冷，使得森林面積減少，以及在競爭上輸給更加適應環境的現存物種等因素。

驅逐長角野牛的美洲野牛，也在19世紀遇到重大的災難。由於當時開始拓荒西部，為了壓制印第安人的反抗，殖民者打算根絕其生活資源的野牛。現在美洲野牛則受到重重保護，脫離了絕種的危機。

MORE DETAILS ⋯⋯⋯⋯⋯⋯⋯⋯⋯⋯⋯⋯⋯⋯⋯⋯⋯⋯⋯⋯

野牛（Bison）在美國被叫做Buffalo。Buffalo原本的意思是水牛，雖然一般認為是誤用，但Buffalo給人更加強壯的感覺呢。現在，牠們被指定為美國的國家動物。

Check

斯劍虎

英文名稱：Smilodon　學名：*Smilodon*

分類：哺乳綱　食肉目　貓科　生存年代：更新世（258萬年～1萬年前）

分布：南北美洲　全長：約2m

MAP

長有劍一般牙齒的「古代虎」

在絕種的哺乳類中和猛瑪象同樣知名的，就是有著長獠牙的劍齒虎同類。而其中最具代表的，就是約250萬年前到1萬年前，棲息在南北美洲大陸的斯劍虎。

斯劍虎的體長約2m，和老虎或獅子等其他大型貓科動物沒什麼兩樣。牠最有特色的，就是朝下突出的長獠牙。牠的下顎關節可以大幅張開到120度以上，前腳強而有力，正適合用來制伏獵物。

不過也有人質疑斯劍虎可怕的只有外表，身為獵食者是否真的優秀則要打個問號。牠的四肢不長，似乎無法快速奔跑。一般推測牠並非追捕獵物的類型，而是潛伏在暗處狩獵的類型。

草食性動物為了保護自己，會提升逃跑的速度，而當美洲豹或美洲獅等更加敏捷的貓科肉食性動物出現後，斯劍虎便逐步走向衰退滅亡。

MORE DETAILS ···

斯劍虎學名的意思是「劍的牙齒」。牠的上顎犬齒相當發達，牙齒長度可達到24cm。一般認為，牠會用這牙齒從上方刺入猛瑪象或野牛等大型動物柔軟的部位，使對方大量出血後處理掉。

Check

真猛瑪象

英文名稱：Woolly Mammoth　　學名：*Mammuthus primigenius*

分類：哺乳綱　長鼻目　象科

生存年代：更新世後期（50萬年～1萬年前）

分布：西伯利亞、北美　全長：約5.4m

MAP

人類曾狩獵過的長毛大象

猛瑪象約在500萬年前誕生在非洲，棲息在亞洲、歐洲、南北美洲等地，許多物種都相當繁盛。肩高可以高達4.8m，也有比現存高4m的非洲象還大上許多的同類。

一般說到猛瑪象，腦中就會浮現出長毛覆蓋、擁有巨大牙齒的模樣，這種是真猛瑪象。牠是一種棲息在被雪覆蓋的西伯利亞原野上的猛瑪象，肩高約2.7～3.5m，比非洲象還要小。

另一方面，南北美洲的猛瑪象是短毛種。其中也有橫越島嶼，身高縮小成僅1m左右的物種。

猛瑪象是在約1萬年前到數千年前絕種的。原因眾說紛紜，而也有人指出人類的狩獵就是原因之一。因為有挖掘到被長槍刺穿的化石，或用大型牙齒製作的房子。

在日本也有發現真猛瑪象的化石。據說狩獵猛瑪象的獵人也一起來到了日本。

MORE DETAILS ⋯⋯⋯⋯⋯⋯⋯⋯⋯⋯⋯⋯⋯⋯⋯⋯⋯⋯⋯⋯⋯⋯

真猛瑪象的耳朵比現在大象的耳朵還要小。或許是為了保溫才變小的。雖然牠大而彎曲的長牙相當顯眼，但這似乎不是用來當作武器，而是為了剷除堆積在草原上的雪。

Check

披毛犀

英文名稱：Woolly Rhinoceros　學名：*Coelodonta antiquitatis*

分類：哺乳綱　奇蹄目　犀科

生存年代：更新世後期（180萬年～1萬年前）

分布：西伯利亞、北美　全長：約4m

MAP

猛瑪象最忠實的朋友

新生代的第四紀是指從258萬年前到現代的時代。冰河形成的陸地相互連接，動物們的移動範圍也愈來愈廣闊。從歐亞大陸到北美大陸，出現了叫做猛瑪草原（Mammoth steppe）的遼闊草原。人類也開始來到各種地區。

披毛犀和猛瑪象（P126）及大角鹿並列為冰河時期最具代表性的巨大動物。牠的全長4m，體重約3～4噸。牠擁有強壯的四肢和角，身體被長毛覆蓋。由於牠和真猛瑪象的化石在同樣的地方被發現，因此也有人說牠是「真猛瑪象最忠實的朋友」。

在這個時代，人類的狩獵技巧相當發達，甚至被稱為「猛瑪象獵人」。歐亞大陸的大型動物滅絕的時代集中在3萬年前到1萬年前。披毛犀也是在這時候消失的。古代的人類，在洞窟的壁畫上留下許多披毛犀的圖畫。或許是尊敬狩獵的對象，為了感謝其帶來的恩惠而獻上祈禱吧。

MORE DETAILS ··

披毛犀和現存的白犀牛及黑犀牛相同，都長有2根巨大的角。特別是前方的角，長的可長達1m。牠們會用這根角和蹄剷雪，以便吃草之類。

Check

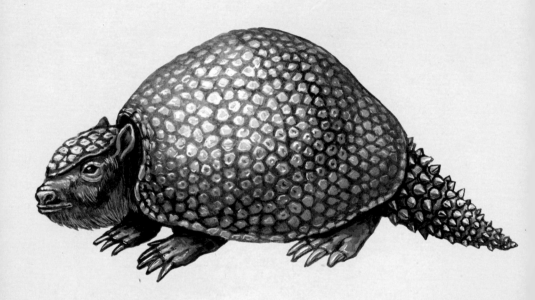

雕齒獸

英文名稱：Glyptodon　學名：*Glyptodon*

分類：哺乳綱　有甲目　雕齒獸亞科

生存年代：更新世（258萬年～1萬年前）

分布：南美　全長：1～3m

MAP

徹頭徹尾的鐵壁防衛

被圓形的甲殼覆蓋，乍看之下就好像大型陸龜的哺乳類。雕齒獸獨自在南美完成了進化。最大隻的體長有3m，身高也有1.3m。某位古生物學者為他取了「哺乳類的烏龜」的綽號。牠吃植物維生，動作似乎很遲鈍，不過甲殼卻相當堅固，連同時代最可怕的強敵——斯劍虎的牙齒也會被彈開。牠頭上也有著宛如帽子的甲殼，又粗又長的尾巴上覆蓋著鱗片，可以驅趕襲擊而來的敵人。

大約300萬年前，因巴拿馬地峽形成，使得許多南美的特有種逐漸滅絕，而其中以鐵壁般防禦力為傲的雕齒獸，和大地懶（P132）一樣來到北美的南部。

不過大約在1萬3000年前，人類來到南美之後，牠的命運整個被顛覆。牠的甲殼可用來製作戰士的盾牌或道具，因此被視為貴重品而遭到獵捕。據說其近親種的犰狳肉質美味，雕齒獸一定也被盡情享用了吧。

MORE DETAILS ··

雕齒獸的甲殼，是由小塊的五角形骨板緊密組合而成。甲殼厚度為2cm。由於牠的甲殼沒有像犰狳一樣的拼接處，所以無法捲曲身體。因此牠會像烏龜一樣彎曲手腳，將腹部貼緊地面以保護自己。

大地懶

英文名稱：Megatherium　學名：*Megatherium*

分類：哺乳綱　披毛目　大地懶科

生存年代：更新世後期（180萬年～1萬年前）

分布：南美　全長：6～8m

MAP

和房子一樣大的樹懶

距今約180萬年到1萬年前，大地懶是曾棲息於南美、巨大的樹懶同類。現存的樹懶棲息在樹上，和猴子差不多大小。不過大地懶是在地面上活動，體長最大約8m，體重也有3噸。如果牠用後腳站立，就比非洲象還要高了。

大地懶的前腳長有大且銳利的鉤爪，用四隻腳行走時，會以手背接觸地面，像猩猩般以指關節行走。

300萬年前巴拿馬地峽的形成，使得許多南美的特有種滅絕。不過大地懶的同類卻反而來到北美。由於體型太過巨大，長毛底下的皮膚相當堅硬，連斯劍虎（P124）也無法輕易對牠出手，想必是種無敵的生物吧。

不過約2萬年前，人類來到了美洲大陸。動作緩慢的大地懶，一定變成了恰到好處的狩獵目標吧。在印地安人流傳的傳說中所遇到的巨大生物，一般認為就是大地懶。

MORE DETAILS ··

大地懶的皮膚或體毛都有留下化石。牠的皮膚底下被粒子狀的骨板覆蓋，就好像鎖子甲一樣包覆著全身。而這種骨板更加進化成盔甲後，就是近親的雕齒獸（P130）等犰狳科的同類。

Check

雙門齒獸

英文名稱：Diprotodon　學名：*Diprotodon*

分類：哺乳綱　雙門齒目　雙門齒科

生存年代：更新世後期（180萬年～1萬年前）

分布：澳洲　全長：約3.3m

MAP

太過巨大的無尾熊祖先

雙門齒獸是約180萬年前到1萬年前棲息在澳洲的巨大有袋類動物。體長超過3m，體重約3噸，是史上最巨大的有袋類動物。牠的四肢很短，具有安定感的身體和熊很像。但牠竟然是無尾熊和袋熊的祖先。牠的性格安靜，是草食性動物。

在過去的澳洲除了雙門齒獸，還有體長3m的巨大袋鼠，以及擁有尖銳獠牙的肉食性袋獅，大型的有袋類動物相當繁盛。不過牠們都在同一時期消失了。誕生於非洲大陸的人類，在約4萬7000年前第一次來到澳洲，是澳大利亞原住民的祖先。他們帶來了之後野生化、成為澳洲野犬（Dingo）的獵犬。

大型有袋類動物會陸續滅絕，一般認為主要是受到人類影響。

MORE DETAILS ···

雙門齒獸的頭骨約70㎝，鼻腔非常大，因此牠的面貌和無尾熊極為相似。據說牠的嗅覺相當敏銳。此外牠的前齒長且扁平，牠會用這個牙齒啃咬植物的根部來吃。

Check

巨狐猴

英文名稱：Megaladapis　學名：*Megaladapis*

生存年代：哺乳綱　靈長目　狐猴科　絕種：1500年代

分布：馬達加斯加島　全長：約1.5m

MAP

長得像大猩猩的狐猴

巨狐猴是狐猴的同類，棲息於印度洋上的馬達加斯加島。全長約1.5m，體重推測不到100kg左右。牠的體型超越現存最大的大狐猴（Indri），是相當巨大的狐猴。

狐猴是靈長目中最原始的猴類。牠在沒有競爭對手的馬達加斯加島上獨自完成了各種進化，現在約有50個物種棲息著。巨狐猴和其他的狐猴不同，四肢和尾巴都很短，樣子會讓人聯想到大猩猩，牠生活在樹上，主要的食物是樹葉、果實和花。

約2000年前，人類來到原本是狐猴天國的這座島嶼。由於開墾森林和狩獵，導致巨大的鳥類象鳥（P72）滅絕，而巨狐猴也在距今約500年前，從地表上消失了。

19世紀中葉，來到島嶼的荷蘭人從村民口中聽說「像人類一樣直立行走的狐猴」的故事。現在在這座島上，仍持續流傳著不可思議的獸人傳說。

MORE DETAILS ⋯⋯⋯⋯⋯⋯⋯⋯⋯⋯⋯⋯⋯⋯⋯⋯⋯⋯⋯⋯⋯⋯⋯

巨狐猴的頭骨全長竟然有30㎝。不過牠的腦很小，似乎像大猩猩或黑猩猩一樣頭腦不好。另外，牠的犬齒和臼齒長得相當大，適合啃食植物。

Check

原牛

英文名稱：Aurochs　學名：*Bos primigenius*

分類：哺乳綱　鯨偶蹄目　牛科　絕種：1627年

分布：歐洲、北非、亞洲　全長：2.5～3m

MAP

拉斯科洞窟所描繪的野牛

1萬5000年前的法國拉斯科洞窟壁畫上，描繪著角很長的巨大野牛圖案。那就是原牛。由於是現在家牛的祖先，因此才叫做「原牛」。

原牛的體長約2.5～3m，角長達80cm。雄牛的體色是黑色，雌牛的體色是褐色。以生物學上的物種而言，牠和家牛一樣，學名也相同。牠在200萬年前於南亞進化，而在史前時代廣泛分布於歐亞大陸及北非。不過由於狩獵加上被飼養成家畜，西元年前幾乎所有地區的原牛都消失了。雖然在歐洲，原牛一直勉強生存到中世紀，貴族卻將牠們關在一個稱為「禁獵區」的地區，利用特權享受狩獵。1564年原牛減少到只剩38頭，1627年在波蘭的森林中，最後一隻雌牛也死亡了。

1920年代，德國的慕尼黑動物園，透過配種接近原種的牛，成功地再生出原牛。這種復原的原牛體型偏小，叫做「黑克牛（Heck cattle）」。

MORE DETAILS

原牛牛角的特徵，就是像弓體一樣彎曲。牛角先從根部朝上方外側彎曲，接著朝前方彎曲，最後前端又再朝上方內側彎曲，總共有3個曲線。原牛的額頭非常寬大，以支撐巨大的角。

Check

藍馬羚

英文名稱：Bluebuck　學名：*Hippotragus leucophaeus*

生存年代：哺乳綱　鯨偶蹄目　牛科　絕種：1800年

分布：南非　全長：約2m

MAP

擁有閃亮藍色毛皮的動物

藍馬羚的外表和鹿很相似，卻是牛科羚羊的同類。

牠的身體上方和側面是帶有光澤的美麗藍灰色，身體下方呈現淡灰色。鬃毛很短，有一根像是馬一般下垂的尾巴。在零星分布著樹林的寬廣平原上，雌雄成對的藍馬羚會一小群一起行動，是一種草食性動物。

牠們原本的棲息地就極其狹窄，是連個體數都很少的動物。牠們的不幸是從17世紀，阿非利卡人（Afrikaner，指南非的荷蘭移民）移民到開普省時開始。對於擁有閃亮毛皮和氣派羚角的藍馬羚，開墾者一致拿著槍口對準牠們。牠們也成為優雅的狩獵遊戲的目標。由於畜牧和農業奪走了牠們的棲息地，也沒有受到保護，藍馬羚就這樣從地表上消失了。這是發現藍馬羚後大約過200年的事情。

藍馬羚在全世界只剩下4個標本，也無人知曉有關牠的生態。

MORE DETAILS ....

雄羚的角長達50～60㎝，角本身有巨大的弧度，往後方延伸。角的表面有20～35個節，和庇里牛斯山北山羊（P154）的角類似，同時也比同樣是馬羚屬的馬羚（Hippotragus equinus）或黑馬羚（Sable antelope）的角還輕。

Check

斑驢

英文名稱：Quagga　學名：*Equus quagga quagga*

生存年代：哺乳綱　奇蹄目　馬科　絕種：1883年

分布：南非共和國　體長：約2.4m

拉馬車的半身斑馬

在現在南非共和國的南部，有個過去曾住著特有動植物的美麗寬廣平原。風暴的源頭，來自荷蘭東印度公司殖民了非洲。1652年，荷蘭人陸續來到開普省，許多大型哺乳類動物相繼滅絕，身為斑馬同類的斑驢也是其中之一。

斑驢的特徵是頭部和脖子上有紋路，背部和臀部則是紅褐色。就好像「正在變成斑馬」的模樣。牠們會聚集40頭左右一起吃草，如果天敵咬過來，就會用踢的反擊。而來自荷蘭的移民阿非利卡人，認為斑驢的毛皮非常珍貴，並將肉給被使喚的原住民吃。1861年，斑驢最後的野生個體被射殺，1883年，飼養在阿姆斯特丹動物園的最後一隻雌斑驢死亡。

斑驢相對容易親近人，據說還曾經拉過貴族的馬車呢。

MORE DETAILS ·····································

南非現在正在進行透過平原斑馬交配，讓斑驢復活的計畫。經過好幾代後，斑驢的特徵開始顯現，現在共有6隻。牠們被命名為「Rau Quagga」，預計當數量達到50頭時，會將一整群集中在一個地區飼養。

Check

加州灰熊

英文名稱：California Grizzly Bear　學名：*Ursus arctos californicus*

分類：哺乳綱　食肉目　熊科　絕種：1924年

分布：美國‧加州　體長：約3m

MAP

成為獨立軍旗幟的熊

在過去的北美，有一種大型灰熊廣泛分布於此，他是棕熊的同類，英文叫做Grizzly。現在熊的棲息地狹窄，除了阿拉斯加和加拿大，美國本土只剩下約1000頭熊。其中棲息在加州的棕熊亞種——加州灰熊，已經在20世紀初期滅絕。

加州灰熊的肌肉發達，肩膀有一塊巨大凸出的肌肉。體長長達3m，體型比其他的灰熊稍大。1848年，有人發現金礦，吹起一股淘金熱潮。開墾者陸續來到加州，由於他們帶來的家畜被熊襲擊，便開始了大規模的驅逐。1880年代，已經幾乎看不到加州灰熊的身影，1924年是最後一次被人看到。凶暴又勇敢的加州灰熊，是加州的美國人發起脫離墨西哥的獨立戰爭時，獨立軍軍旗上的旗幟。雖然在1911年正式成為加州州旗，但加州灰熊卻已經不存在了。

MORE DETAILS ⋯⋯⋯⋯⋯⋯⋯⋯⋯⋯⋯⋯⋯⋯⋯⋯⋯⋯⋯⋯⋯⋯⋯⋯⋯⋯⋯⋯⋯

加州灰熊時常用到爪子，因此爪子常呈現黃色且倒嵌的狀態。不過冬眠後離開巢穴時，爪子前端就會長得又尖又長。原住民很喜歡將這種爪子當成首飾等裝飾品使用。

Check

袋狼

英文名稱：Thylacine　學名：*Thylacinus cynocephalus*

分類：哺乳綱　袋鼬目　袋狼科　絕種：1936年

分布：澳洲・塔斯馬尼亞島　體長：1.3～1.4m

MAP

受人厭惡的奇妙「狼」

塔斯馬尼亞島位於澳洲南部，在那裡曾經有一種叫做袋狼的不可思議動物。牠的外型雖然很像野狼，但牠其實和袋鼠及無尾熊一樣是有袋類。

牠的體長約1m。從背部的後半部到尾巴，都有像是老虎一般的條紋，因此也有人稱牠為塔斯馬尼亞虎。牠是夜行性的肉食動物，捕捉小動物維生。

袋狼過去也曾棲息在澳洲本土，不過牠在生存競爭上輸給澳大利亞原住民帶來的狗（澳洲野犬的祖先），約3000年前在本土絕種。在塔斯馬尼亞，於18世紀來到此處的歐洲人稱牠為「家畜的敵人」、「鬣狗」，甚至發布懸賞金趕盡殺絕。

最後一匹袋狼的名字叫做班傑明（Benjamin）。牠被保護在動物園，在1936年死亡。現在仍有黑白相片留下牠生前四處走動、打哈欠的樣子。

MORE DETAILS ⋯⋯⋯⋯⋯⋯⋯⋯⋯⋯⋯⋯⋯⋯⋯⋯⋯⋯⋯⋯⋯

袋狼的面貌和尖銳的牙齒和狼很像。不過狼有16顆門牙，袋狼只有14顆。牠下顎的骨頭就像蛇分為兩段式，可張開到120度。或許牠能夠張開到耳邊的大嘴，是牠受到忌諱、被討厭的原因。

Check

東部小袋鼠

英文名稱：Eastern Hare-Wallaby　學名：*Lagorchestes leporides*

分類：哺乳綱　雙門齒目　袋鼠科　絕種：1938年

分布：澳洲南部　體長：約50cm

MAP

要跳高就交給我吧

在澳洲有許多袋鼠的有袋類同類。其中小型的袋鼠就叫做小袋鼠（Wallaby）。東部小袋鼠的耳朵較長，蹲下來圓滾滾的模樣像極了兔子。身體的大小約50㎝，尾巴長30㎝。體毛長而柔軟，就像野兔般呈現褐色。也叫做東部野兔鼠。

牠是夜行性的草食動物，白天就在草叢內睡覺。基本習性和袋鼠相同。牠用後腳跳躍，用腹部的育兒袋養育後代。

過去在澳洲東南部的平原時常能看見東部小袋鼠，1863年還留著「數量很多」的紀錄。可是短短半世紀後，到了1937年卻被報告為「瀕臨絕種」，轉眼間就靜靜地失去蹤影。其滅絕的原因為棲息地的草原被開墾成牧場或農田，此外牠們似乎也變成了人類帶來的貓與狐狸的犧牲品。

MORE DETAILS ·······································

東部小袋鼠雖然體型嬌小，跳躍時卻可達到2.5～3m遠。也有紀錄提到，被狗追趕的沙袋鼠甚至能從很遠的地方跳過人的頭上。

Check

豚足袋狸

英文名稱：Pig-Footed Bandicoot　學名：*Chaeropus ecaudatus*

分類：哺乳綱　袋狸目　豚足袋狸科　絕種：1960年代

分布：澳洲南部　體長：23～25cm

MAP

擁有奇特的腳，喜歡吵架

豚足袋狸為袋狸的同類，是生活在澳洲的小型有袋類動物。由於耳朵很長，因此也有人稱牠為「袋兔」。牠的嘴巴前端細長地突出，類似鼴鼠。牠會在晚上活動，吃昆蟲之類維生，是雜食性的動物。牠尋找食物的時候，會用長長的鼻子挖掘泥土。另外，雖然牠的腹部有個養育孩子的袋子，但也有著不完整的胎盤。

豚足袋狸的特徵正如其名，擁有和豬相似的腳。只有中間2根腳趾特別發達，長有和蹄極為類似的小爪子。尾巴的長度約10～14㎝，也有長達頭和身體一半以上長度的例子。牠的地盤意識強烈，雖然長相可愛，卻會和同伴激烈爭吵，甚至會因為尾巴斷掉而死亡。

過去在廣闊的草原和森林，曾經有許多豚足袋狸棲息。但由於棲息地被開墾之類的因素，到了19世紀中期數量逐漸減少，1960年代以後，已經沒有親眼看到牠的情報了。

MORE DETAILS ··

袋狸的同類小兔耳袋狸在日本也相當知名。雖然已經在1930年代滅絕，不過在1990年代的兒童節目《PONKIKI》中就有兔耳袋狸的角色登場。牠唱著自己名字的歌曲而博得好評。

Check

雷蛇

英文名稱：Round Island Burrowing Boa　學名：*Bolyeria multocarinata*

分類：爬行綱　有鱗目　島蚺科　絕種：1975年

分布：模里西斯島　全長：約1m

MAP

住在樂園中的蛇受盡苦難

模里西斯島是位於印度洋上的樂園。由於宗教上的厭惡，雷蛇從那個樂園中被趕出去，是相當悲哀的蛇。

雷蛇的體長約1m左右，以蟒蛇的同類而言相當小型。牠會在椰子樹下堆積於地面的落葉中築巢。性格相當膽小，也沒有毒，以蜥蜴或昆蟲維生。

自從17世紀模里西斯島成為荷蘭殖民地之後，雷蛇的災難就開始了。在基督教中，蛇是慫恿夏娃吃下智慧果實的惡魔化身。基督教的教徒忌諱雷蛇，毫無區別地趕盡殺絕。即使統治這座島的國家在18世紀變成法國，19世紀換成英國，狀況也沒有改變。

再加上濫墾椰子樹使得牠的棲息地被奪走，本島的雷蛇便在不知不覺間滅絕了。即使還有一些雷蛇生存於圓島這個小無人島上，但1975年是最後一次有人在圓島看到雷蛇，此後雷蛇就消失無蹤了。

MORE DETAILS ·····································

雷蛇的學名是「挖穴的蟒蛇」之意。身體呈現筒狀，鼻子前端尖尖的。背部體表的顏色是明亮的褐色中帶有黑色斑點，腹部則呈現粉紅色和黑色的斑紋。

Check

庇里牛斯山北山羊

英文名稱：Pyrenean Ibex　學名：*Capra pyrenaica pyrenaica*

分類：哺乳綱　鯨偶蹄目　牛科　絕種：2000年

分布：西班牙・庇里牛斯山脈　體長：1.2～1.4m

MAP

絕種動物的第一隻基因複製動物

庇里牛斯山北山羊是野生的山羊，曾棲息於法國和西班牙國境的庇里牛斯山脈。牠是西班牙羱羊（Capra pyrenaica）的4個亞種之一。

羱羊的同類都是群體生活，強而有力的雙腳可以在地勢崎嶇的岩石上跳躍。牠的角和全身上下都能做成疾病的特效藥，相當貴重，因此成為人類狩獵的目標。庇里牛斯山北山羊快速減少，在20世紀初期只剩下幾十隻的數量。雖然有將牠保護在國家公園，但在2000年名為賽莉亞的最後一頭雌羊死亡後，此物種就滅絕了。

2003年，人們將從這隻母羊身上採取的皮膚細胞移植到山羊上，成功再生出複製羊。這是滅絕生物成功再生的第一隻動物，誕生後卻只過了10分鐘就因呼吸衰竭死亡。

西班牙羱羊中，第一個滅絕的是波圖格薩北山羊。第二個是庇里牛斯山北山羊。剩下的2個亞種現有增加的趨勢。

MORE DETAILS ··
庇里牛斯山北山羊的雄羊，有個像上弦月般大幅彎曲的巨大羊角。角的上頭有圓環狀的節，會隨著年齡增加。巨大的角會被裝飾在牆上，也會被製作成能夠演奏美妙音樂的笛子。

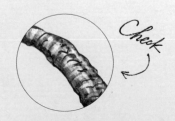

Check

麋鹿

英文名稱：Pere David's Deer　學名：*Elaphurus davidianus*

分類：哺乳綱　鯨偶蹄目　鹿科　野生絕種

分布：中國北部到中部　體長：約2.2m

MAP

被藏起來的皇帝神獸

角像鹿，蹄像牛，頭像馬，尾像驢。雖然像極了4種動物，卻並不屬於其中一種。傳說中的神獸麋鹿，在中國稱為「四不像」。而現實中的麋鹿，是鹿科的動物。

一般認為麋鹿過去棲息在中國北部到中部的沼澤地帶。野生麋鹿的生態不明。1865年，法國的大衛神父旅居在中國時，就只有清朝皇帝擁有的廣大庭園中飼養著麋鹿。當神父將這種珍奇異獸介紹給本國後，就在歐洲的動物園吹起一陣風潮。而麋鹿的命運也變得波濤萬丈。1900年，中國發生義和團之亂，在混亂之中只留下一頭雌鹿，其他全數滅亡。1918年，歐洲和中國的麋鹿全數死亡。神獸離開地面，哪兒都不在了──當時每個人都這麼想著，但其實英國名家貝德福德公爵（Duke of Bedford）的莊園中，一直偷偷飼養著麋鹿。現在全世界動物園中的麋鹿，就是那些鹿的子孫。

MORE DETAILS ·······································

麋鹿的特徵，就是雄鹿的角有複雜的分支。首先從根部往上會分成前後2根分支。而前方大分支的前端又會分為左右2根，2根又各自長出小分支……就像這樣。擁有這種角的鹿，就只有麋鹿而已。

Check

索引 *INDEX*

滅絕生物一覽表（依筆劃排列）

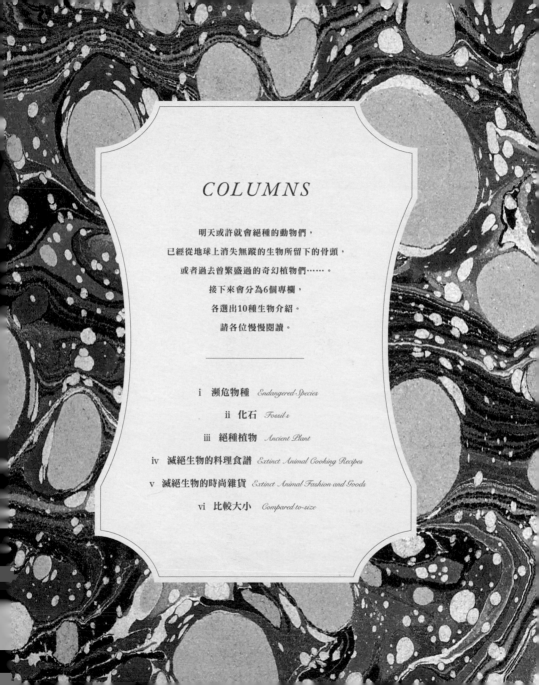

COLUMNS

明天或許就會絕種的動物們，
已經從地球上消失無蹤的生物所留下的骨頭，
或者過去曾繁盛過的奇幻植物們……。
接下來會分為6個專欄，
各選出10種生物介紹。
請各位慢慢閱讀。

瀕 危 物 種

ENDANGERED SPECIES

所謂的瀕危物種，就是有可能在不久的將來絕種的動植物。
IUCN（國際自然保護聯盟）所發表的2017年版的紅皮書上，
就有2萬5821種瀕危物種。
本單元就來介紹其中一部分。

[瀕危物種的動物分類]

RED LIST			
滅絕	**EW** *Extinct in the Wild*	野外已滅絕	透過飼育，生存在過去的分布地區以外的地方。
受威脅	**CR** *Critically Endangered*	極危	在不久的將來，滅絕的危險性相當大。
	EN *Endangered*	瀕危	在不久的將來，野生種滅絕的危險性極高。
	VU *Vulunerable*	易危	滅絕的危險性不斷增加。
低危	**NT** *Near Threatened*	近危	雖然現在危險程度較小，但有極高的可能變成受威脅物種。

（參考 IUCN「紅皮書」）

黑猩猩 *Chimpanzee*

分類：靈長目人科
學名：*Pan troglodytes*
體長：70〜90㎝
分布：西非、中非

和人類擁有共同的祖先，DNA只有約1%〜
4%的差異。會被抓來當寵物或食用，一直
有盜獵的情況。棲息數量約20萬隻。

☐	☐	☑	☐	☐
EW ←	CR ←	EN ←	VU ←	NT

Endangered …… 瀕危

赤蠵龜 *Loggerhead Sea Turtle*

分類：龜鱉目海龜科
學名：*Caretta caretta*
體長：（外殼）80〜100㎝
分布：太平洋、大西洋、印度洋

現在在日本產卵的雌龜約
有1萬頭。在民間故事中
以海神使者的身分登場。
由於環境破壞及濫捕，數
量正在減少。

☐	☐	☐	☑	☐
EW ←	CR ←	EN ←	VU ←	NT

Vulnerable …… 易危

歐亞猞猁 *Eurasian Lynx*

分類：食肉目貓科
學名：*Lynx lynx*
體長：70～130㎝
分布：歐洲、西伯利亞

又叫歐亞山貓、西伯利亞猞猁。體型龐大，尾巴長度可達20㎝。特徵是三角形耳朵上黑色的穗毛。過去是常見的動物，由於人類的驅逐以及為了毛皮的濫捕，數量大減。現在亞種的西班牙山貓已經是瀕危物種。

□	□	☑	□	□
EW ←	CR ←	EN ←	VU ←	NT

Endangered …… 瀕危

※有些物種是瀕危種

儒艮 *Dugong*

分類：海牛目儒艮科
學名：*Dugong dugon*
體長：約3m
分布：印度洋、西太平洋、紅海

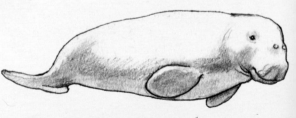

水棲哺乳類，據說也是人魚的原型。肉質鮮美，會被捕獲來食用。推測棲息數量為10萬隻。在沖繩也能看見。

□	□	□	☑	□
EW ←	CR ←	EN ←	VU ←	NT

Vulnerable …… 易危

鯨頭鸛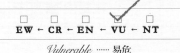*Shoebill*

分類：鵜形目鯨頭鸛科
學名：*Balaeniceps rex*
體長：1～1.5m
分布：非洲東部到中部

以「不會動的怪鳥」聞名。雖然住在水邊，關於牠
的生態卻有相當多謎團。由於環境被破壞，棲息數
量銳減到5千～8千隻左右。

EW	←	CR	←	EN	←	VU ✓	←	NT

Vulnerable …… 易危

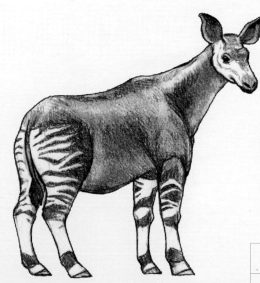

㺢㹢狓*Okapi*

分類：鯨偶蹄目長頸鹿科
學名：*Okapia johnstoni*
體長：約2m
分布：剛果共和國

三大珍獸之一，腳上的條紋很美。綽號是「森
林的貴婦人」。肉和毛皮成為盜獵者的目標，
棲息數量約1萬頭左右。

EW	←	CR	←	EN ✓	←	VU	←	NT

Endangered …… 瀕危

蘇門答臘虎 *Sumatran Tiger*

分類：食肉目貓科
學名：*Panthera tigris sumatrae*
體長：2.2～2.7m
分布：印尼・蘇門答臘島

□ ☑ □ □ □
EW ← **CR** ← **EN** ← **VU** ← **NT**
Critically Endangered …… 極危

住在蘇門答臘島的熱帶雨林中的特有種。在老虎之中體型最小。雄性的特徵是臉頰上的毛較長。雖然需要大範圍的地盤，卻因森林破壞而數量銳減。因毛皮被盯上而不斷被盜獵。棲息的數量推測有400～500隻。

太平洋黑鮪魚
Pacific bluefin tuna

分類：鱸形目鯖科
學名：*Thunnus orientalis*
體長：約3m
分布：太平洋

被廣泛用於握壽司或生魚片的食用魚。日本的消費量是世界第一，也叫做金槍魚。以能夠快速洄游聞名。由於濫捕幼魚而數量銳減，2014年被列入「VU（易危）」。

□ □ □ ☑ □
EW ← **CR** ← **EN** ← **VU** ← **NT**
Vulnerable …… 易危

中華鱟 *Japanese Horseshoe Grab*

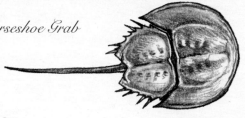

分類：劍尾目鱟科
學名：*Tachypleus tridentatus*
體長：50～60㎝
分布：日本、中國、北美東部

從2億年前就沒有改變過外型，被稱為「活化石」而相當聞名。比起螃蟹更像蠍子。在日本的紅皮書上，被列為瀕危 I 類、天然紀念物。在美國，同科的棲息數量較多，IUCN的評估是「DD（沒有資料）」。

	□	✔	✔	□	□
	EW ←	CR ←	EN ←	VU ←	NT

Critically Endangered / Endangered ……【瀕危 I 類】

【出自日本環境省】

印度犀牛 *Indian rhinoceros*

分類：奇蹄目犀科
學名：*Rhinoceros unicornis*
體長：3～4m
分布：印度東北部、尼泊爾

角可以當作中藥藥材而被視為珍品，比黃金的價格還高。在柬埔寨、不丹已經滅絕。棲息數量約2千500頭左右。

□	□	□	✔	□
EW ←	CR ←	EN ←	VU ←	NT

Vulnerable ……易危

167

化 石

F O S S I L

遠古生物的屍體或殘骸，長年累月下來變成化石，
留在地層當中。化石是來自過去的地球之重要訊息。

[斯劍虎的頭蓋骨]（P124）
下顎能張大到120度，犬齒也長達約24㎝。

[旋齒鯊的牙齒]（P32）
牙齒不會脫落，而是捲入螺旋狀之中。

[真猛瑪象的牙齒]（P126）
在日本北海道大量出土。

[笠頭螈的頭部]（P36）
隨著成長，頭骨會逐漸左右變寬。

[南方古猿的頭蓋骨]（P118）

初期人類的腦容量為500ml。和猩猩差不多。

[披毛犀的角]（P128）

不僅有2隻角，前角的長度達1m，相當巨大。

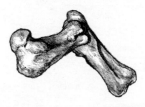

[史特拉海牛的前腳]（P46）

趾頭的骨頭已完全退化而消失的前腳。

[雕齒獸的甲殼]（P130）

五角形的骨板緊密地排列在一起。

[怪誕蟲的全身]（P22）

細長的頭部（右側）上有眼睛和嘴巴。

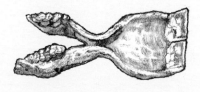

[鏟齒象的下顎]（P116）

長長的下顎上，並排著宛如平板的2顆牙齒。

絕種植物

EXTINCT PLANT

植物和動物一樣，也有滅絕和進化的歷史。
在滅絕的物種之中，有變成巨木的蕨類植物，
以及古代的裸子植物。

← [頂囊蕨 *Cooksonia*]
志留紀中期到泥盆紀前
期，來到陸地的最古老植
物。高度約幾公分左右。

[古蘚 *Sciadophyton*] ↘
泥盆紀前期，從海洋來
到陸地的最古老植物之
一。原始的苔蘚植物。

← [古花 *Archaeanthus*]
出現於白堊紀的被子植
物。會盛開和木蘭類似
的白花。學名是「最初
的花」之意。

↑ [古蕨 *Archaeopteris*]
被稱為最古老的樹木。高
度達30m，樹狀的蕨類
植物。生存於泥盆紀。

[本內蘇鐵 *Bennettitales*] ↗
生存於三疊紀到白堊紀的
裸子植物。高度約3m。
特徵是球體般的樹幹。

↑ [蘆木 *Calamites*]
石炭紀的樹狀蕨類植物，
高度15m。形成了森林。
是煤炭的源頭。

[鱗木 *Lepidodendron*] ↑
石炭紀代表性的樹狀蕨類
植物。高度40m，直徑
也有2m的巨木。是煤炭
的源頭。

↑ [高野星草 *Eriocaulon cauliferum*]
主要在群馬縣多多良沼的單子葉植物。
1909年被發現，在50年以內滅絕。

← [海百合 *Crinoidea*]
【番外】並非植物，而是
海星及海膽的同類。在寒
武紀出現。現在棲息在深
海內。

[封印木 *Sigillaria*] →
高度30m。和鱗木、蘆木
一同繁盛，形成廣大森林
的蕨類植物。

滅 絕 生 物
的
料 理 食 譜

EXTINCT ANIMAL COOKING RECIPES

吃滅絕生物和愛情很類似。正因為不被允許，愛意才更加深厚。
這是現在絕對無法吃到，罪孽深重的食譜。

(文・趙燁)

BOILED

大海雀的水煮蛋

大海雀和企鵝是相當類似的物種。過去漁
夫會吃牠們的肉，想必蛋也一定很美味
吧。請撒上鹽巴後，享用和企鵝同樣半透
明的水煮蛋。

eg.1

S O U P

關島狐蝠湯

現在在帛琉還能喝到蝙蝠湯。有人覺得味道就像魚的血合肉。整隻和蔬菜一起燉煮，等肉軟了之後即可享用。

e.g.2

S T E A K

史特拉海牛肉排

據說史特拉海牛的味道就像小牛肉，因此才被捕獲、趕盡殺絕。做成簡單又美味的肉排，就能享用超過7m的巨大身體的柔軟肉質，請慢慢品嚐。

e.g.3

D R I N K

史特拉海牛的奶昔

據說史特拉海牛不只肉，連奶水也接近牛奶的味道，很好喝。牠的脂肪也能做成奶油。將這些奶水跟奶油毫不浪費地做成奶昔吧。

e.g.4

S T E W

度度鳥的內臟料理

以水果為主食的度度鳥，內臟應該相當美味吧。雖然度度鳥主要被人類帶來的貓狗所殺掉，這次就請品嚐用濃口醬油滷透的內臟吧。

eg.5

O I L

旅鴿油

旅鴿的肉會以煙燻、醃製、乾燥等各式各樣的方法食用。特別是旅鴿油帶有奶油般的風味，據說即使放置1年也不會壞掉，相當貴重。

eg.6

S L I C E

白鱀豚的生魚片

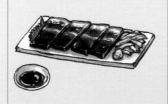

將半解凍的白鱀豚肉直接切成生魚片。能享用到柔軟的脂肪和獨特的香味。請和生薑醬油和青蔥片一同享用。

eg.7

S T E W

滷亞蘭達甲魚

將包覆亞蘭達甲魚身體的骨質甲殼，花時間滷到能夠用牙齒咬斷的嫩度。請享用爽脆的外殼及入味的魚肉。

eg.8

S A U T E

香煎象鳥

將巨大象鳥的大腿肉簡單地下鍋香煎。鮮味都濃縮在緊緻有彈性的肌肉中。再配上用象鳥蛋做的荷包蛋。

eg.9

S U S H I

居氏山鱒壽司

棲息在的的喀喀湖的美麗魚類。能夠享用到居氏山鱒金黃色鱗片的壽司。雖然魚的大小約25cm，但由於頭部很大，因此身體的部位相當貴重。

eg.10

滅絕生物
的
時尚雜貨

EXTINCT ANIMAL FASHION AND GOODS

人類都希望用比任何人美麗的物品來裝飾自己，想得到美妙的東西。
人類的慾望無窮無盡。
即使要奪走其他生命也一樣。

（文·趙燁）

ACCESSORY

猛瑪象牙的手鍊

用猛瑪象的象牙加工研磨而成的手鍊。許多猛瑪象的牙齒和骨頭都被用來當作房屋的骨架。請細細品味手鍊的堅固及美麗。

H A T

天堂長尾鸚鵡的羽毛帽

使用天堂長尾鸚鵡鮮豔的羽毛裝飾而成的帽子。很適合戴上它去參加華麗的花園派對。

e.g.2

W A L L E T

斑驢的錢包

使用斑驢條紋花紋轉換到素色部分的皮製作的皮夾。由於每一匹斑驢所能用到的部位稀少，因此是很貴重的配件。

e.g.3

B A G

暴龍的真皮包

活用堅硬又凹凸不平、具有獨特面貌的暴龍外皮，直接製作而成的皮包。每一個的顏色和質感都不同。

e.g.4

eg.5

JACKET

藍馬羚的皮夾外套

用藍馬羚美麗的藍色外皮所做成的外套。
非人工製、自然的藍色讓人驚艷。

eg.6

EARRINGS

粉頭鴨的羽毛耳環

嚴選粉頭鴨羽毛中特別亮眼的粉紅色羽
毛，直接加工做成耳環。能品味到隨風搖
擺的美麗薔薇色。

eg.7

SOAP

大海雀肥皂

使用大海雀的油做成的肥皂。表面光滑，
用起來很舒服。香味如同奶油，保濕效果
也一流。

HELMET

雕齒獸安全帽

將小型骨板聚集而成的雕齒獸甲殼,加工
做成安全帽。如同以前用來做成的戰士盾
牌,相當堅固。

e.g. 8

KNIFE

麋鹿鹿角的拆信刀

將麋鹿具有特色的角直接削成拆信刀。刀
柄的部分直接活用鹿角本身的樣子,當作
室內裝飾品也很美麗。

e.g. 9

DRESS

泰坦巨蟒洋裝

使用泰坦巨蟒美麗的外皮做成的洋裝。正
因為泰坦巨蟒體型巨大,才可能直接用整
張蛇皮生產洋裝。

e.g. 10

比 較 大 小

COMPARED TO SIZE

地表上有許多生物登場之後，又逐漸消失。

本書所介紹的絕種動物之中，

有許多動物的體型相當龐大，

現代的同類根本無從比較起。

將這些動物和我們人類比較，看看牠們到底有多大吧。

1.人類 [全長約1.5m]　　　　**2.爪獸** [全長約2m]　　　　**3.節胸蜈蚣** [全長約2～3m]

4.象鳥 [頭頂高約3.4m]　　　　**5.杯鼻龍** [全長3.6～3.8m]　　　　**6.猛瑪象** [肩高2.7～3.5m]

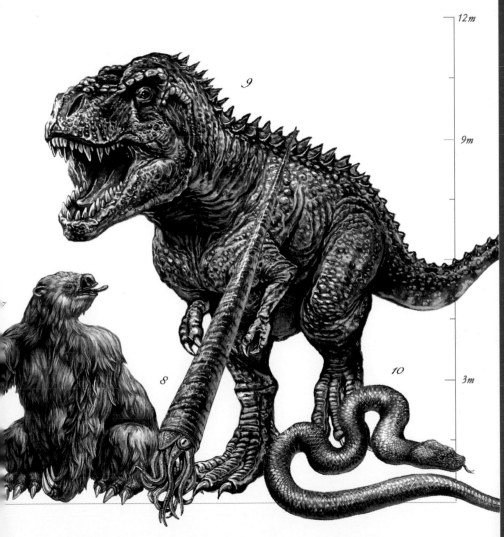

12m

9m

3m

7. 大地懶 [全長6〜8m]　　8. 房角石 [全長10〜11m]　　9. 暴龍 [全長11〜13m]

10. 泰坦巨蟒 [全長11〜13m]

關於滅絕的6大關鍵字

1.【 地質年代 】

46億年前誕生的地球慢慢地冷卻，而在約40億年前，最初的生命在海洋之中誕生了。28億年前，出現會行光合作用的藻類，供給了大量的氧氣，打開了將氧氣當作能量運用的道路。14億年前多細胞生物誕生。約5億5000萬年前，生物種類爆發性地增加，被稱為「寒武紀大爆發」。進化和滅絕的歷史正式開始，因而產生了今日生物的多樣性。

從地球的誕生到今天為止，能一探歷史上留有紀錄的數千年間（信史），就叫做地質年代。

要區分地質年代，主要以分析殘留在地層中的動物化石來界定。

較大的區分為「古生代」、「中生代」、「新生代」中的「代」。其下有「寒武紀」、「白堊紀」的「紀」。還有「古新世」、「全新世」等「世」。現在是新生代第四紀全新世。

2.【 大陸漂移 】

大陸在地函的上方緩慢地持續移動著。在經年累月當中，彼此連接又分離。這也會帶給生物的生存和分布莫大的影響。約2億5000萬年前古生代結束時，當時的陸地形成一個巨大的大陸，叫做盤古大陸。為了承受盤古大陸的重量，地函熱柱也急速上湧。內陸也不斷地沙漠化。

約1億5000萬年前的中生代中期，盤古大陸以赤道為界分為兩個部分，分別是北半球的勞亞大陸（Laurasia），以及南半球的岡瓦那大陸（Gondwana）。勞亞大陸在那之後，北美洲逐漸分離，印度次大陸與歐亞大陸碰撞，形成喜馬拉雅山脈。而岡瓦那大陸則分成非洲、南美及南極大陸。接著非洲和勞亞大陸相連。

約300萬年前，南北美縱排，藉由巴拿馬地峽連結在一起。

3. 【 大量滅絕 】

生物的進化並非直線地進行。而是出現大半生物死亡的大量滅絕之後,接著發生爆發性地進化,這種過程會不斷重複。由於地質年代的區分是以化石的變化來判定,因此各個「代」或「紀」結束時,多少會出現生物的大量滅絕。其中,生物間的交替特別顯著的五次大量滅絕就稱「五次生物大滅絕(Big Five)」。

1. **「奧陶紀末大滅絕」**:約4億4370萬年前,包括三葉蟲和房角石等,約有85%的物種滅絕。這幾年提倡的學說認為,這是由於在相對近距離發生的超新星爆發,使得地球受到大量的伽瑪線照射(伽瑪射線暴)的緣故。

2. **「泥盆紀晚期大滅絕」**:約3億5920萬年前發生。包括甲冑魚在內的82%物種滅絕。一般認為是寒冷化及發生海洋缺氧狀態所導致。

3. **「二疊紀末大滅絕」**:約2億5100萬年前發生。是地球史上規模最大的大滅絕。包括哺乳類祖先的大部分合弓類生物在內,共有90%~95%的物種滅絕。目前較有力的學說,是超大陸「盤古大陸」的形成,引發了超級地函熱柱(Superplume)而導致。

4. **「三疊紀末大滅絕」**:約1億9960萬年前發生。菊石及大型爬蟲類等76%的物種滅絕。一般認為,原因是盤古大陸的分裂引發大規模的火山活動,以及巨大隕石的墜落所導致。

5. **「白堊紀末大滅絕」**:約6550萬年前發生。包括恐龍在內,共有70%的物種滅絕。較有力的說法是由於彗星撞擊、大規模的火山活動或氣溫降低所帶來的影響。

4. 【 生態系 】

棲息在某個地區的生物群落(動物、植物、微生物),會和周遭的土壤、水之類的環境,形成一個完整的食物鏈,以及物質循環的系統。這種循環就叫做生態系。也就是說,生物並不是單獨存在,而是互相有著緊密的連結。為了讓生態系維持穩定的狀態,保持生物多樣性就相當重要。生態系的概念,就是要提高「必須保護野生生物」的自覺。

5.【 生物分類 】

生物是由型態、機能上的不同來區分。分類的級別，在動植物界同樣都是以「界」開始，經由「門」、「綱」、「目」、「科」、「屬」，到達最終分類單元的「種」。例如人類的分類就是：動物界·脊索動物門·哺乳綱·靈長目·人科·人屬·智人。巨脈蜻蜓是：動物界·節肢動物門·昆蟲綱·魁翅目·巨脈科·巨脈屬·巨脈蜻蜓。即使是同種的生物，在各地區視為不同族群時，會稱之為「亞種」。

6.【 演化樹 】

一般認為，所有的生物都是由約40億年前誕生的某個原生生物所分裂而成。由這個共通的祖先進化成現代各式各樣的生物群，而表示這些過程、分支的路線，就是演化樹。

現在隨著基因研究的進展，過去的演化樹面臨必須大幅修正的狀況。例如，哺乳類的鯨目和偶蹄目，以往都各自分類。然而，透過基因分析已經判明，兩者的基因相當接近，現在一般都歸類為鯨偶蹄目的單一分類族群。

以往認為，哺乳類是從爬蟲類進化而來。而現在主流的學說認為，哺乳類祖先的合弓綱及爬蟲類的祖先，是由兩棲類同時並行演化而來。也有人強烈主張，鳥類只是存活下來的恐龍，兩者應該列入同一種分類。

粒腺體或葉綠素等，透過細菌細胞內共生所造成的進化，以及透過細菌移動基因等情況該如何分類，這也是難以回答的問題。現在這個時代，要描繪演化樹可說是非常困難。

右圖是粗略表示脊椎動物進化的演化樹。

脊椎動物的演化樹

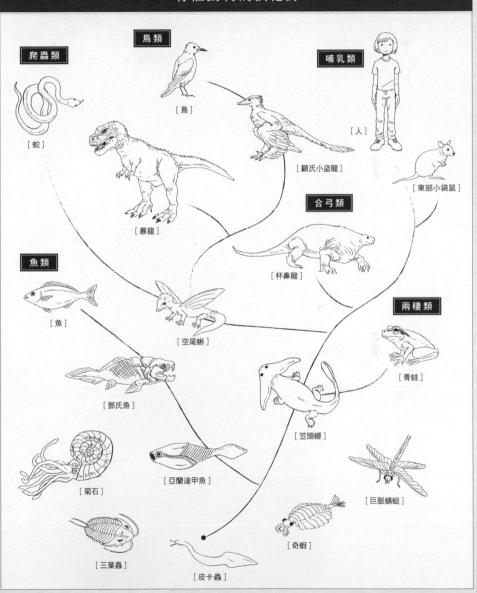

爬蟲類

[蛇]

鳥類

[鳥]

[顧氏小盜龍]

[暴龍]

哺乳類

[人]

[東部小袋鼠]

合弓類

[杯鼻龍]

魚類

[魚]

[空尾蜥]

[鄧氏魚]

兩棲類

[青蛙]

[笠頭螈]

[菊石]

[亞蘭達甲魚]

[巨脈蜻蜓]

[三葉蟲]

[奇蝦]

[皮卡蟲]

後記 *Epilogue*

「我們正在進入第六次大滅絕的時代」

我們所生活的現代，是新生代第四紀的全新世。約1萬年前，冰河期結束，進入人類文明開始發展的時代。而我們也親眼看到野生的動植物在短時間內消失的光景。

現在正在進行中的這個滅絕，是繼五次大滅絕後「地球史上第六次的大滅絕」，在科學家之間這種看法愈來愈普及。也就是「全新世的大滅絕」。這個滅絕的原因，並非隕石墜落或地函熱柱上湧，而是人類的存在所導致。

在某個意義上，進化和滅絕是表裡一體的關係。過去的大滅絕，促使活下來的生物群體爆發性地進化。而且，有時會因進化成更加適應環境的新物種，使得原本的物種在競爭中落敗，因此滅絕。

不過，現在由人類所引起的大滅絕，並沒有帶來新的進化，只是讓生物種類不斷減少罷了。同時還有一個特徵，那就是滅絕的速度是過去無法比擬的快速。

不論是在南美獨自進化的巨大哺乳類，還是澳洲的大型有袋類，都因人類的出現而在短時間內消失。在大西洋的島嶼上，不會飛的鳥類樂園也在瞬間消失無蹤。如果是當作糧食出手獵捕，還可以算是在食物鏈的範疇當中，或許罪孽還沒有那麼重。然而現代人類的活動，卻整個奪走生物的棲息地，造成環境汙染，引起全球規模的氣候變遷。

如果野生動植物整個滅絕，世界上只剩下家畜、寵物及栽培植物，這樣的地球到底會變得多麼寂寥呢？希望讀者在看過絕種動物的身影後，能夠思索生物們繁盛的歷史。

森乃 おと

參考文獻

「絶滅野生動物の事典」

今泉忠明著（東京堂出版）

「絶滅動物調査ファイル」

今泉忠明監修／里中遊歩著（實業之日本社）

「地球　絶滅動物記」

今泉忠明著（竹書房）

「地上から消えた動物」

Robert Silverberg 著／佐藤高子譯（Hayakawa 文庫）

「絶滅哺乳類図鑑」

富田幸光著（丸善）

「絶滅した奇妙な動物」

川崎悟司著（Bookman 社）

「すごい古代生物」

川崎悟司著（kinobooks）

「古代生物図巻」

岩見哲夫著（Best 新書）

「理系に育てる基礎のキソ しんかのお話 365 日」

土屋健著（技術評論社）

「大むかしの生物 」

日本古生物學會監修（小學館的圖鑑 NEO）

編輯・執筆協力

M・O氏及古生物研究會的各位

國家圖書館出版品預行編目資料

滅絕生物圖鑑/趙燁作; 森乃おと文; 黃品玟譯.
-- 初版. -- 臺北市：臺灣東販, 2019.05
192面 ;15×18公分
譯自：絶滅生物図誌
ISBN 978-986-475-986-6 (平裝)

1.古生物學

359   108004605

ZETSUMETSU SEIBUTSU ZUSHI
© CHO HIKARU / OTO MORINO 2018
Originally published in Japan in 2018 by RAICHOSHA CO.LTD
Chinese translation rights arranged through TOHAN CORPORATION, TOKYO.

滅絕生物圖鑑

2019年5月1日初版第一刷發行
2024年4月15日初版第四刷發行

作　　　者	趙燁（Cho Hikaru）	
撰　　　文	森乃 おと	
譯　　　者	黃品玟	
編　　　輯	邱千容	
美 術 設 計	寶元玉	
發 行 人	若森稔雄	
發 行 所	台灣東販股份有限公司	
	〈地址〉台北市南京東路4段130號2F-1	
	〈電話〉(02) 2577-8878	
	〈傳真〉(02) 2577-8896	
	〈網址〉http://www.tohan.com.tw	
郵 撥 帳 號	1405049-4	
法 律 顧 問	蕭雄淋律師	
總 經 銷	聯合發行股份有限公司	
	〈電話〉(02) 2917-8022	

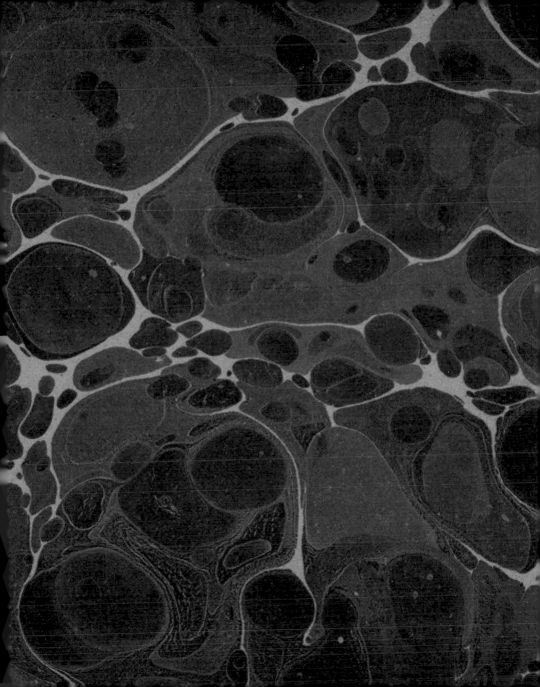

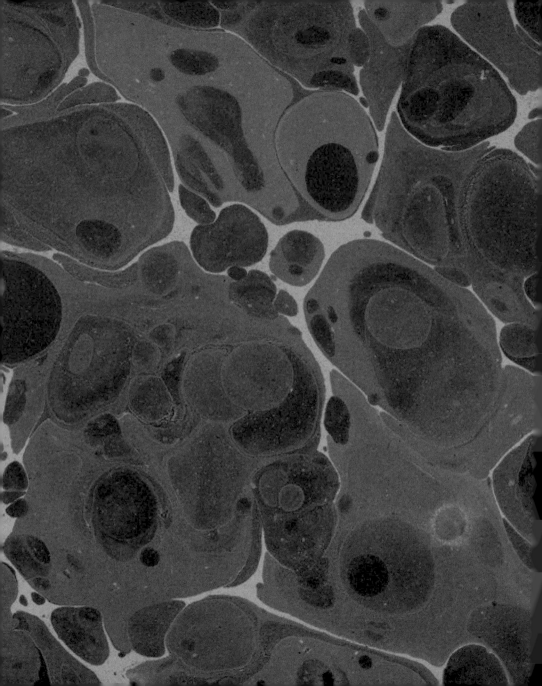